따라 하고 싶은
시칠리아 여행기

따라 하고 싶은 시칠리아 여행기

발행일 2024년 3월 5일

지은이 이명섭
펴낸이 손형국
펴낸곳 (주)북랩
편집인 선일영
편집 김은수, 배진용, 김부경, 김다빈
디자인 이현수, 김민하, 임진형, 안유경
제작 박기성, 구성우, 이창영, 배상진
마케팅 김회란, 박진관
출판등록 2004. 12. 1(제2012-000051호)
주소 서울특별시 금천구 가산디지털 1로 168, 우림라이온스밸리 B동 B113~115호, C동 B101호
홈페이지 www.book.co.kr
전화번호 (02)2026-5777 팩스 (02)3159-9637

ISBN 979-11-93716-94-6 03980 (종이책) 979-11-93716-95-3 05980 (전자책)

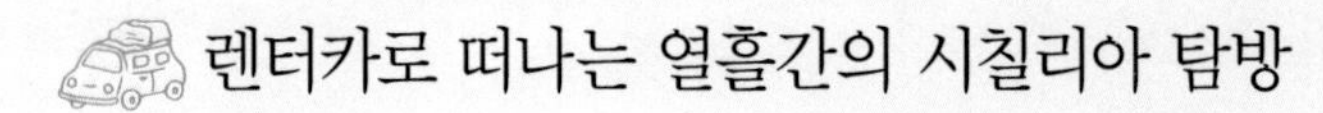
렌터카로 떠나는 열흘간의 시칠리아 탐방

따라 하고 싶은 시칠리아 여행기

이명섭 지음

숨 막히는 풍경과 자유로운 드라이브의 환상적인 조화
지중해의 보석, 시칠리아에서 버킷 리스트를 완성하라!

북랩

프롤로그

미국 유학 시절, 같은 아파트에 살고 있던 선배로부터 자동차 여행에 대한 경험담을 듣고 자유여행에 대한 호기심을 가진 이후 벌써 40년 가까운 세월이 흘러갔다. 미국을 승용차로 자유여행하는 가이드 책을 사서 그 안내에 따라 방학만 되면 가족 여행을 떠나곤 했다. 유학 시절 같이 공부하던 친구 부부들과 함께 16박 17일에 걸쳐 미국 횡단 왕복 여행을 했던 것이 1989년이니까 참 오랜 세월이 지났다.

유학을 마치고 귀국한 이후 한동안 직장 생활의 바쁜 일정으로 인해 해외여행을 간다는 것은 엄두도 내지 못하던 시절을 보냈다. 다시 여행에 대한 발동이 걸린 것은 우리나라에서 토요일 휴무가 시작된 2003년 여름이었다. 직장 선배의 도움에 힘입어서 서유럽을 렌터카로 13일 여행한 것이 본격적인 해외여행의 시작이었다. 그해가 마침 결혼 20주년이어서 의미 있는 여행이 될 것 같아 두 딸과 함께 네 식구가 프랑크푸르트로 들어가 라인강을 따라 프랑스와 스위스를 거쳐서 베네치아까지 다녀왔다.

그 후 5년을 주기로 유럽을 찾았는데 2008년에 체코, 스위스, 오스트리아, 독일 여행을 했었다. 패키지여행과 달리 내가 좋아하고 머물고 싶은 곳에 시간을 할애할 수 있는 자유여행이 좋아서 렌터카 여행으로 주로 다녔다.

코로나19 팬데믹 시절에 막혔던 하늘 길이 작년에 본격적으로 열리면서 우리 부부도 어딘가로 떠나고 싶은 마음이 간절했다. 그러다가 결혼 40주년을 기념할 겸 이탈리아 종주 43일이라는 야무진 계획을 세우고 로마로 떠났다. 이 책 〈따라 하고 싶은 시칠리아 여행기〉는 그중 시칠리아의 여행만을 따로 떼어내 글로 표현한 것이다.

그러고 보니 이번 여행을 포함해 유럽을 9번 다녀왔다. 유럽을 많이 간 이유는 우선 렌터카 여행을 하기에 좋은 교통 인프라가 잘 되어 있고, 국경을 넘나드는 데 제약이 거의 없으며, 유럽 대륙에 많은 나라가 분포되어 있어 다양한 문화와 생활을 경험할 수 있기 때문이다.

이번 이탈리아 여행을 계획하면서 과거와는 달리 천천히 다니면서 맛있는 것을 많이 먹고, 쉬고 싶으면 숙소에 머무는 비교적 느슨한 여행을 하기로 아내와 약속했었다. 필자의 여행 스타일이 한곳에 머물지 못하고 계속 움직이는 편이라서 육체적으로 힘든 여행을 많이 다녔었다.

그런데 여유가 있을 줄 알았던 43일의 일정이 실제로는 충분한 시간이 되지 못했다. 시칠리아에서 열흘 머물렀는데 방문하지 못한 곳이 더러 있었다. 시칠리아를 제대로 여행하려면 보름 정도는 할애해야 할 것 같았다. 특히 시칠리아 앞 바다에 있는 화산섬을 방문하지 못한 게 못내 아쉬웠다.

시칠리아를 여행하면서 좋았던 경험으로, 중부 내륙을 지나가면서 광활한 대지에 펼쳐진 웅장한 풍광을 마주한 것과 쏟아지는 폭우 속에 벌판 한가운데를 나 홀로 운전하면서 느꼈던 묘한 기분이 오래 기억되었다. 특히 빌라 로마나에서 보았던 엄청난 규모의 모자이크 작품은 가히 충격적이었다. 또한 농가 호텔에서의 색다른 경험도 잊을 수 없다.

여행하다 보면, 유명한 관광지일수록 성수기에는 관광객에 밀려다니기 때문에 여행의 참맛을 느끼기가 쉽지 않다. 다행히 우리는 시칠리아를 5월 말에서 6월 초에 걸쳐 여행했기에 날씨도 좋았고 관광객도 붐비지 않아서 비교적 여유 있게 다닐 수 있었다.

필자에게 여행의 즐거움은 무엇일까? 그럼에도 불구하고 필자는 여행 일정 짜기, 숙소와 교통 수단 예약하기, 여행지 공부하기 등과 같은 여행 준비 과정이 여행 전체 즐거움의 50% 이상을 차지한다. 여행을 해본 분들은 유명한 여행지에 막상 갔을 때 자신이 상상하고 기대했던 것과 많이 다른 경우를 경험했을 것이다. 그럼에도 불구하고 필자는 다음 여행에 대한 기대와 호기심 때문에 새로운 여행지를 찾아 계속 떠났다.

지금까지 수많은 여행을 하면서도 여행기를 쓸 엄두를 내지 못했다. 직장에서 보고서는 많이 작성해 봤지만, 감성이 필요한 여행기는 다른 차원의 글이라는 두려움 때문에 시도를 못 했었다. 그러다가 작년 봄에 여행작가학교를 수료하고 이탈리아 여행을 떠나면서 여행기를 쓰고 싶은 생각이 들었다. 이탈리아를 로마에서 출발해 아말피와 나폴리를 거쳐 시칠리아를 여행한 후 본토로 넘어와 동남부 풀리아 지방을 여행했다. 그 후 베네치아, 돌로미티, 베로나, 로마를 여행하고 귀국하면서 그중 필자에게 색다른 경험과 잊지 못할 추억을 선사한 시칠리아 여행기를 쓰기로 마음먹었다.

끝으로 시칠리아 여행기를 쓰고 수정하는 과정을 함께 공감하며 도와준 아내에게 깊은 감사를 드린다. 특히 아내가 여행 중 틈틈이 기록한 여행 정보와 느낌이 글의 내용을 더욱 풍성하게 해 주었다.

차례

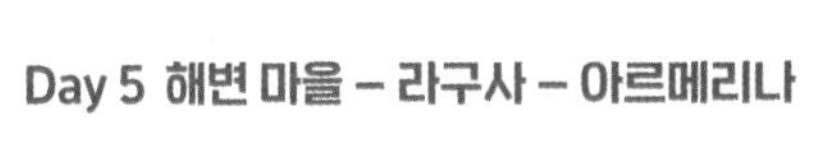

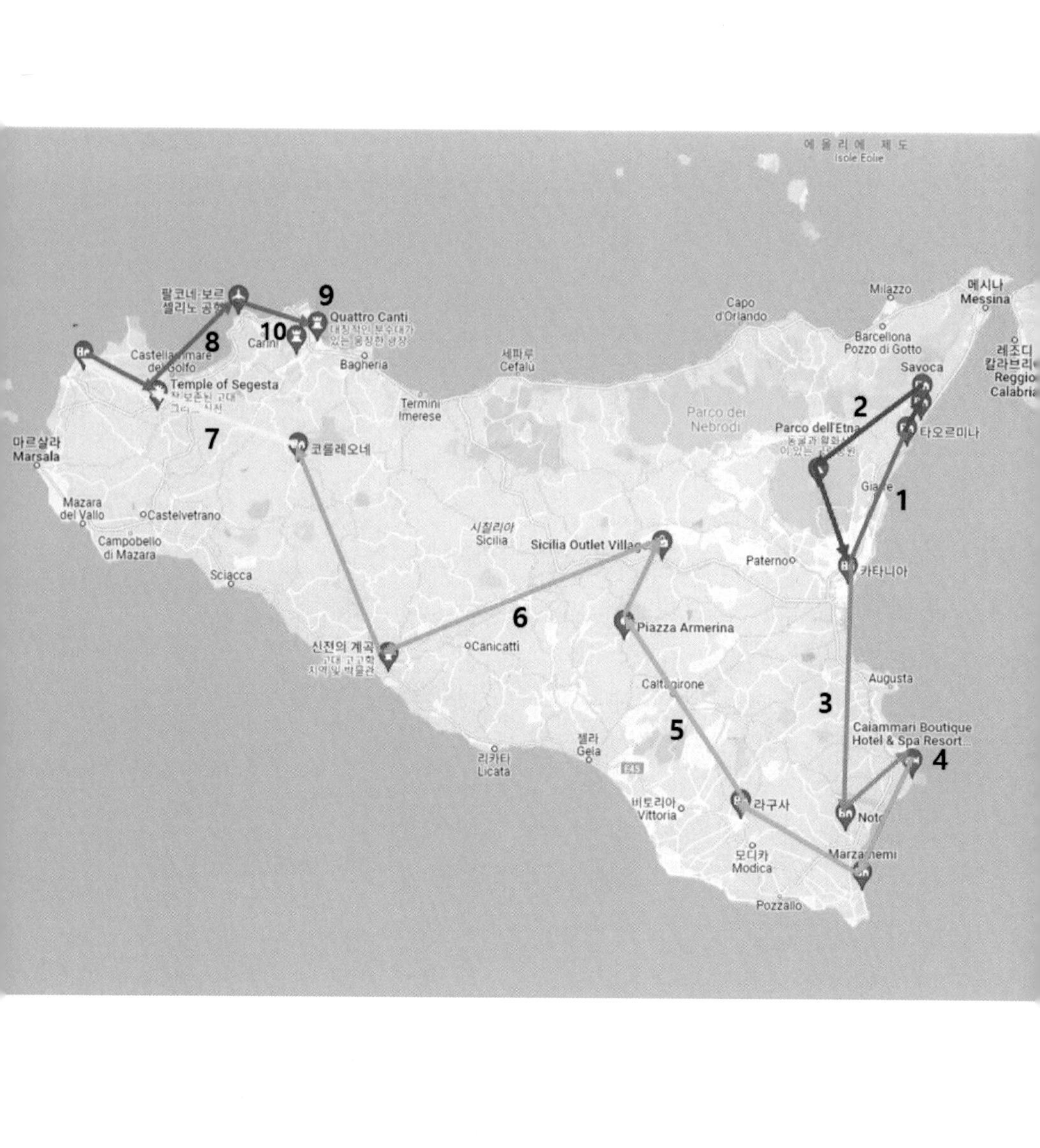

에올리에 제도
Isole Eolie
Milazzo
메시나
Messina
Capo d'Orlando
Barcellona Pozzo di Gotto
레조디 칼라브리
Reggio Calabria
Savoca
팔코네-보르셀리노 공항
Quattro Canti
Carini
Bagheria
세파루
Cefalù
Castellammare del Golfo
Temple of Segesta
Termini Imerese
Parco dei Nebrodi
Parco dell'Etna
타오르미나
마르살라
Marsala
코를레오네
Giarre
Mazara del Vallo
Castelvetrano
시칠리아
Sicilia
Campobello di Mazara
Sicilia Outlet Village
Paternò
카타니아
Sciacca
Piazza Armerina
신전의 계곡
Canicattì
Caltagirone
Augusta
Caiammari Boutique Hotel & Spa Resort...
젤라
Gela
리카타
Licata
비토리아
Vittoria
라구사
Noto
모디카
Modica
Marzamemi
Pozzallo
1
2
3
4
5
6
7
8
9
10

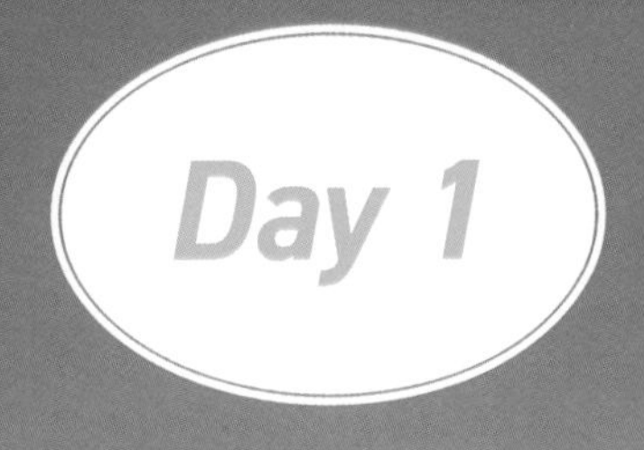

나폴리
-
시칠리아

오늘은 나폴리 공항을 떠나서 시칠리아의 카타니아 공항에 도착한 후, 시칠리아의 첫 여행지인 타오르미나로 가는 여정이다.

택시를 타고 나폴리 공항으로 가는 길은 그 자체로 여행의 일부였다. 전형적인 나폴리 사람인 운전기사는 유쾌한 성격과 끊임없는 이야기로 나폴리 여행의 마지막 순간까지 우리를 즐겁게 해 주었다. 그의 거칠고 열정적인 운전 스타일이 다소 불편했지만, 이제는 이곳 남부 사람들의 활달한 기질에 익숙해져서 느긋하게 즐겼다.

비행기 이륙 후, 창밖에 펼쳐진 나폴리의 모습은 장관이었다. 활처럼 휜 나폴리 항구의 만을 따라 형성된 붉은색 건물들이 선명하게 보였다. 청명한 하늘과 짙푸른 바다가 어우러진 나폴리의 풍경은 평생 기억에 남을 아름다운 장면이었다.

우리는 나폴리와 아말피 여행에서의 행복했던 순간들을 뒤로하고, 다양한 경험과 즐거운 추억들로 가득 찰 시칠리아 여행에 대한 기대로 마음이 설렜다. 1시간 남짓 지나서 시칠리아에서 두 번째로 큰 도시인 카타니아에 도착했다. 착륙 전 하늘에서 내려다본 풍경은 시칠리아의 전형적인 드넓은 농촌 들판이었다. 눈부신 파란 하늘과 하얀 뭉게구름 아래 펼쳐진 푸른 들판이 어서 오라고 우리를 부르는 것 같았다.

카타니아 공항에 있는 렌터카 회사, SIXT로 서둘러 갔다. 남부 특유의 친근함과 유쾌한 성격의 여직원이 우리를 반갑게 맞아 주었다. 그녀는 우리의 짐을 보더니 더 큰 차량으로 업그레이드해 주겠다고 제안했고, 프로모션 덕분에 비용도 저렴했다. 예약한 차량이 우리 짐을 수용할 수 없을지 몰라 걱정했는데 다행히 잘 해결되었다. 비록 추가 비용을 지급했지만, 시칠리아 사람들의 친절함에 감사하며 아깝지 않았다.

1장 유럽인의 휴양지 타오르미나

타오르미나로 향하는 길은 기대감으로 가득 찼다. 고속 도로를 달리는 동안 갑자기 산꼭대기에 자리한 마을이 멀리 보이기 시작했다. '저기가 타오르미나인가?' 하는 생각에 설레었지만, 구글맵이 아직 10분 이상 가야 한다고 알려 주었다. 그래도 시칠리아의 오래된 산 동네를 처음 만난 기쁨으로 가슴이 뛰었다.

타오르미나 동네에 있는 숙소는 주차가 어렵다고 들어서 주차가 가능한 아랫동네에 있는 '파노라마 호텔'을 예약했다. 호텔의 방 시설과 서비스 모두 매우 훌륭해서 머무는 동안 만족스러웠다. 하루 주차비 20유로가 다소 비쌌지만, 타오르미나 지역의 명성을 고려하면 훌륭한 선택이었다.

방의 발코니로 나가서 바다를 보는 순간 깜짝 놀랐다. 내 눈앞에 그 유명한 '이솔라 벨라' 섬과 해변이 펼쳐졌다. 섬과 연결된 바닷가에

는 일광욕을 즐기는 사람들로 붐볐다. 호텔 위치가 너무 좋다고, 아내도 매우 만족해했다. 타오르미나 지중해의 아름다움을 발코니에서 바라보는 이 시간이 결코 잊지 못할 경험으로 다가왔다.

공항에서 바로 숙소에 도착해서 짐을 풀고 나니 마음이 한결 편안해지면서 허기가 몰려왔다. 호텔 근처의 카페에서 샌드위치와 음료수를 주문하고 도로변 테이블에 자리를 잡았다.

초여름 날씨가 완연한 이날은 햇볕은 강렬했지만, 그늘에 있으면 시원한 바람이 기분 좋게 불어왔다. 5월 중순 로마에 도착했을 때보다 날씨가 꽤 더워졌다. 이번 시칠리아 여행 후, 이탈리아 동남부와 북부를 순차적으로 여행할 계획인데, 계절의 변화에 잘 맞춘 것 같았다.

우리는 타오르미나 방문을 서두르지 않고, 호텔 앞 동네와 지중해를 배경으로 펼쳐진 아름다운 풍광을 즐기며 여유로운 시간을 보냈다. 여행 계획을 짜면서, 이번 여행은 시간적 여유를 갖고 천천히 여행하기로 한 아내와의 약속을 상기하며, 편안한 마음으로 여행의 첫날을 즐겼다.

호텔 프런트 직원에게 타오르미나로 가는 케이블카의 운행 상황을 물었더니, 케이블카 운행이 중단되었고, 케이블카 승강장 주차장에서 셔틀버스를 이용하라고 알려 주었다.

부지런히 주차장으로 갔으나 이미 많은 사람이 셔틀버스를 기다리

고 있었다. 버스 요금은 1유로 정도로 저렴했다.

타오르미나까지는 오르막과 커브 길의 연속이었다. 버스가 굽이굽이 돌아갈 때마다 바뀌는 푸른 지중해와 마을의 풍경이 버스 승객들의 마음을 사로잡았다. 버스 정류장에서 내려 타오르미나 동네 입구까지 한걸음에 올라갔다.

오랫동안 꿈꿔 온 타오르미나에 마침내 도착했다. 입구에 있는 광장의 분위기가 의외로 한산해서 놀랐다. 예상과 달리 관광객이 많지 않아서인지 조용했다. 며칠 전에 떠나온 아말피 해안의 도시들은 넘치는 관광객으로 인해 번잡했는데, 이곳은 대조적으로 고요했다.

갈 방향을 정하지 못하고 있는데 아내가 사람들이 많이 가는 왼쪽 길로 가자고 했다. 그 길을 따라가니 고대 그리스-로마 원형 극장의 매표소가 나타났다. 우연히 따라온 곳이 바로 우리가 타오르미나에서 가장 보고 싶은 원형 극장이었다. 여행책과 영상에서 보면서 동경했던 극장을 직접 볼 거라고 생각하니 가슴이 벅차올랐다.

원형 극장으로 가는 길은 오르막길이었지만, 타오르미나 마을과 지중해의 멋진 경치를 사진에 담으면서 올라가다 보니 어느새 극장 입구에 도착했다. 극장 안으로 들어서자, 아늑하게 자리 잡은 원형 극장이 석양과 어우러져 황홀한 자태를 뽐내고 있었다. 극장 규모가 상상했던 것보다 조금 작았지만 타오르미나 도시의 규모에 비하면 제법 컸다.

지중해를 배경으로 원형 극장의 무대가 겹쳐 보이는 그 유명한 사진 구도가 내 눈앞에 현실로 펼쳐졌다. 붉은 벽돌로 둘러싸인 극장 무대와 그 너머로 펼쳐진 푸른 지중해, 그리고 석양에 물들어 가는 하늘, 이 모든 자연이 조화를 이루며 만드는 광경은 환상적이며 평생 잊을 수 없는 추억으로 남았다. 이 원형 극장이 지구상에서 가장 아름다운 극장일 것 같다. 이곳은 단순히 역사적인 건축물을 넘어서 자연과 어우러진 예술의 경지를 보여 주었다.

원형 극장의 가장 높은 관중석 근처에 지중해를 감상할 수 있는 산책로가 있다. 그곳에서는 끝없이 이어진 지중해 해안선과 타오르미나 아랫동네의 경치가 어우러져 자아내는 환상적인 아름다움을 볼 수 있었다. 밀려오는 파도가 해안과 부딪쳐 만들어 내는 하얀 물거품은 한 줄기 빛으로 보였다.

이 장엄한 순간을 카메라로 담기에는 역부족이었다. 그 순간의 아름다움을 눈과 마음에 깊이 새기며 산책길을 내려왔다. 왜 타오르미나가 유럽인들이 꼭 방문하고 싶은 휴양지인지 알 수 있었다.

원형 극장을 떠나면서 그 옛날, 이처럼 아름다운 극장에서, 격조 높은 문화와 예술을 즐긴 그 당시 사람들의 삶이 부러웠다. 여행 성수기인 한여름에는 이곳에서 다양한 음악공연이 열린다고 들었는데 우리가 방문한 6월 초에는 아직 공연이 없어 아쉬웠다. 음악공연을 보려면 6월 중순 이후에 방문하는 게 좋겠다.

이 원형 극장의 정식 명칭은 '테아트로 그레코'이고, 입장료는 1인당 11유로, 운영은 저녁 7시에 마감했다.

원형 극장을 뒤로하고 우리는 타오르미나의 중심지인 4월 9일 광장(Piazza IX April)으로 발걸음을 옮겼다.

광장으로 가는 길 양쪽에는 명품 상점들이 즐비했다. 명품에 큰 관심이 없는 우리는 그저 눈으로만 구경하고 지나갔다. 이런 세련된 상점들과 고급스러운 분위기가 타오르미나의 매력 중 하나임을 느낄 수 있었다.

4월 9일 광장에 도착하자 지중해와 에트나산, 그리고 광장의 성당 및 건물들이 만들어 내는 풍경은 숨 막히게 아름다웠다. 소박하지만 고풍스러운 성당을 중심으로, 시계탑과 주변

건물들이 만들어 내는 광장의 아우라는 이곳이 특별한 장소임을 알려 주었다. 광장 왼편으로 멀리 보이는 에트나 화산은 석양의 하늘과 어울려 타오르미나 풍광의 진가를 더욱 높여주었다.

광장에서 마주치는 관광객들의 얼굴에는 즐거움과 행복감이 가득해 보였다. 저녁때라서 단체관광팀은 없었고 자유여행 온 연인과 가족들이 많이 보였다.

광장 한편에 유모차에 아이를 태우고 젊은 부부가 나타났다. 그들의 품위 있고 우아한 모습이 다른 관광객들과는 확연히 달라 보였다. 아내는 그들이 유럽의 부자처럼 보인다고 말하면서 타오르미나가 부자들에게 인기 있는 여행지인 것이 실감 난다고 말했다.

바다 쪽 전망대에서 보는 지중해 경치 역시 압권이었다. 석양에 물들어 가는 바다와 해변 마을의 경치가 장관이었다. 마치 한 폭의 풍경화를 옮겨놓은 것처럼 아름다웠다.

성당 앞에서 결혼사진을 촬영하고 있는 젊은 커플이 눈에 띄었다. 하얀 드레스와 검은 턱시도를 입은 커플의 다정한 모습은 주위에 둘러선 구경꾼들에게 사랑스러운 행복을 선사하였다. 그들의 결혼사진 촬영이 타오르미나의 로맨틱한 분위기를 더욱 풍성하게 만들었다.

타오르미나의 저녁은 마치 영화의 한 장면처럼 아름다웠다. 검붉게 물든 지중해 해안선, 멀리 희미해져 가는 에트나 화산 그리고 노을에 물든 광장은 말로 표현하기 어려운 장관을 연출했다. '백문이 불여일견'이란 말이 딱 들어맞는 순간이었다.

성수기에는 이곳이 관광객으로 붐벼 고즈넉한 아름다움을 만끽하기 어려울 수 있다고 한다.

이곳 광장을 떠나기 전, 영화 'A Chance Encounter'의 첫 장면이 떠올랐다. 각자의 사연을 갖고 시칠리아에 온 미국인 두 남녀가 이곳 광장에서 우연히 만나면서 영화가 시작된다. 영화는 타오르미나와 주변 지역을 배경으로 펼쳐지는데, 실제로 통기타 싱어송라이터인 여주인공 안드레아 폰 캄펜의 음악이 영화의 분위기를 한층 더 감성적으로 만든다.

타오르미나의 중심 거리에는 고급 명품 상점, 맛집, 카페들이 가득하다. 타오르미나는 화려했던 옛 도시의 모습은 희미해지고 관광객을 위한 현대적 공간으로 재탄생되고 있었다.

저녁 먹을 시간이 되어 'Aranciara'라는 시칠리아 음식점을 찾아갔다. 우리가 원했던 식당 정원에는 이미 손님들로 가득 차 있어서 길가에 있는 테이블에 앉게 되었지만, 음식 맛과 서비스가 고급스러워서 매우 기분이 좋았다.

92유로의 식사 비용에 10유로의 팁을 추가로 건네자, 우리를 접대한 웨이터가 매우 고마워했다. 우리가 방문한 이탈리아 식당에서는 일반적으로 팁이 없었고, 그 대신 자릿값(Coperto)을 받았다. 팁 문화가 강제적이지 않은 점이 이탈리아 여행의 장점이었다.

식사 후 타오르미나의 밤거리를 거닐며 분위기를 즐기고 싶었으나, 식당 이외의 대부분 상점이 일찍 문을 닫아 조금 썰렁한 분위기였다.

ALDINI
CRÉDIT

출구 광장에 있는 작은 성당이 늦은 시각에도 열려 있었다. 성당 안은 간결하면서도 경건한 분위기가 감돌았고, 목제 대들보로 마감한 천장의 아름다움이 인상에 남았다.

밤 10시 넘어 숙소로 가기 위해 택시를 이용했다. 택시 기사가 요금으로 현금만 받는 게 의아했다. 이는 이곳에 카드 사용 문화가 정착되지 않았기 때문인지, 아니면 기사가 팁을 받기 위해서인지 궁금했다. 나폴리에서도 비슷한 경험을 했는데, 이탈리아가 선진국이 맞는지 의심스러웠다.

캄캄한 어둠 속에 홀로 빛나는 파노라마 호텔의 눈부신 야경 속에 시칠리아의 첫날 밤이 깊어져 갔다.

Day 2

영화 〈대부〉 촬영지 - 에트나 화산

오늘 오전에는 타오르미나를 떠나서 영화 <대부>의 촬영 장소인 포르자 다그로와 사보카를 방문할 예정이다. 이곳들은 영화의 역사적인 장면들을 촬영한 장소로 유명해 많은 관광객과 영화 애호가들이 찾는 명소다. 오후에는 활화산으로 유명한 상상 속의 에트나를 찾아가 화산 분화구를 둘러볼 계획이다.

새벽에 만난 지중해는 아름다운 서정적 기운이 가득했다. 일찍 일어나 방의 발코니로 나가자 온 세상이 핑크빛 여명으로 물들어 있었다. 침묵이 우리를 감쌌다. 드넓은 지중해에 한 점으로 떠있는 이솔라 벨라와 주변 바닷가의 모습이 어제와는 사뭇 다른 모습으로 다가왔

다. 핑크빛을 머금은 마을 풍경도 우리를 환상 속으로 빠지게 하였다.

묘한 분위기를 느낀 새벽 풍경이었다. 상쾌한 새벽 공기를 마시며 바다를 마주하고 있는 이 순간은 시간이 멈춘 듯 적막하였다.

조식을 먹기 위해 호텔 옥상 레스토랑으로 갔다. 레스토랑에서 고급 호텔의 품격이 느껴졌다. 우리가 좋아하는 다양한 뷔페 메뉴가 많아서 만족스러운 식사였다. 부드러운 아침 햇살이 비추는 식당 테라스에서 이솔라벨라의 멋진 배경을 바라보며 아내와 함께 커피를 마셨다. 평온한 기운이 우리를 감싸 행복한 순간이었다.

2장 영화 〈대부〉의 흔적 포르자 다그로

우선 타오르미나에서 자동차로 약 30분 걸리는 포르자 다그로를 찾아가기로 했다. 고속 도로를 벗어나 지중해를 오른쪽으로 끼고 달리는 해변 도로로 접어들었다. 도로 왼편에는 하늘에 떠있는 듯한 산꼭대기 마을들이 보이고 오른편에는 맑고 푸른 바다가 끝없이 펼쳐져 있었다.

포르자 다그로로 가는 도로는 매우 가파른 낭떠러지를 끼고 굽이굽이 이어졌는데, 긴장감 넘치는 운전의 연속이었다.

동네 어귀에 있는 주차장에 관광버스와 소형차가 보여 우리도 서둘러 주차하고 동네 안으로 향했다. 마을의 옛 광장까지는 언덕길로 쭉 이어졌다. 가는 중간에 넓은 광장이 보였는데, 최근에 조성한 듯 네모반듯하고 평평한 모양새가 마을 행사를 하기에 적합해 보였다.

이 광장의 전망대에서 지중해와 주변 산들의 멋진 풍경을 감상하

면서 잠시 휴식을 취했다.

포르자 다그로의 마을 안쪽으로 걸어가자 옛 광장이 모습을 드러냈다. 광장 중앙에는 아름다운 분수대가 자리하고 있었고, 그 주변에는 몇몇 카페들이 자리 잡고 있었다. 그중 한 카페의 입구에 영화 〈대부〉의 유명한 장면과 주인공 배우 '알 파치노'가 촬영 당시 이곳을 방문했던 사진들이 전시되어 있어 관광객의 이목을 끌었다.

우리는 카페에서 커피와 빵을 사 갖고 광장의 벤치에 앉아 아침 햇살 속에서 행복한 순간을 즐겼다. 마치 우리가 이탈리아 사람이 된 듯한 기분이 들었다. 우리는 마을의 고즈넉한 분위기와 아름다움에 푹 빠져들었다. 이 작은 마을은 영화 〈대부〉의 촬영지로 유명하지만, 그 자체의 매력으로도 관광객들에게 사랑받는 곳으로 느꼈다.

ANTICHI MURI
BAR EDEN

BAR EDEN
SNACK
DRINK
Bar Eden
Bar Eden

이곳 광장 주차장에 빈자리가 많아서 마을 어귀에 차를 두고 여기까지 힘들게 올라온 걸 후회했다. 작은 마을을 방문할 때 마을 안에 주차 공간이 없을 거라는 생각 때문에 마을 입구에 주차하곤 했는데, 의외로 마을 안에 빈자리가 많았다.

광장 한편에 있는 골목길 끝에 오래된 성당이 보였다. 대부 영화에 나오는 성당으로 생각하고 서둘러 발걸음을 옮겼다. 성당으로 향하는 계단을 오르면서 점차 드러나는 성당의 고풍스러운 모습에서 경건함과 역사적 연륜을 느꼈다. 교회 안뜰의 입구를 화려하게 장식한 아치를 지나자, 야자수가 심어진 성당 마당이 우리를 반겨 주었다.

성당 안으로 들어서면서 시간이 멈춘 듯한 고요함과 성스러운 분위기가 우리를 감싸 안았다.

삼위일체 교리를 강조하는 독특한 제단화가 우리의 눈길을 끌었다. 우리 외에 다른 방문객은 없었고, 성당의 경건한 분위기도 좋아서 우리는 안식과 기도의 시간을 보냈다.

이 성당은 16세기에 지어졌다고 한다. 이곳은 과거 수녀원의 부속 예배당으로 사용되었던 소박하고 아담한 공간이다. 이곳 성당 방문은 중세의 이 동네 건축 양식과 역사를 알 수 있는 좋은 기회였다.

성당 뜰에 있는 몇 그루의 키 큰 야자수가 입구 문의 아치와 묘한 조화를 이루며 마치 한 폭의 풍경화를 만들었다.

광장으로 돌아오면서 폭스바겐 비틀(딱정벌레) 차들과 마주쳤다. 빈티지 차량으로 여행하는 단체팀이 타고 온 차들이었다. 이 장면은 몇 년 전 크로아티아에서 몬테네그로로 넘어가는 국경 검문소에서 보았던 다양한 빈티지 차들의 행렬을 떠올리게 했다. 알고 보니 타오르미나나 카타니아에서 출발하는 빈티지 차 여행 상품이 있었다. 우리도 다음 여행에서 기회가 되면 빈티지 차 여행을 경험해 보고 싶다.

그런데 방금 다녀온 성당이 영화 〈대부〉의 촬영 장소는 아니었다. 영화 속 성당에 대한 안내 간판을 찾지 못했고 다음 일정도 있어서 아쉽지만 방문하지 못하고 마을을 떠나야 했다.

아래 사진의 교회(Cattedrale di S. Maria Annunziata e Assunta)가 영화 촬영 장소다.

영화 〈대부〉 2편에서 주인공이 어린 시절 마피아 두목에게 쫓길 때 동네 사람들의 도움을 받아 당나귀 바구니에 숨어 미국으로 탈출하는 장면에 등장하는 성당

주차장으로 가는 길 도중에 아내가 오른쪽에 보이는 공원에 들렀다 가자고 제안했다. 큰 기대 없이 따라갔는데, 전망대에 도착한 순간, 우리 눈앞에 펼쳐진 장엄한 풍경에 숨이 멎는 듯했다. 뜨거운 햇볕과 더위가 순식간에 사라지고 시원한 바람이 우리를 감싸 안았다.

지중해 연안을 따라 끝없이 이어져 있는 빨간 지붕의 마을들, 파란 하늘과 뭉게구름, 짙푸른 바다와 수평선이 함께 만들어 내는 환상적인 광경에 넋을 잃었다.

어제 타오르미나에서 보았던 바다 풍경도 멋있었지만, 포르자 다

그로의 이 전망대에서 보는 경치는 그것을 훨씬 능가했다. 이렇게 특별한 장소에 올 수 있게 이끌어 준 아내에게 고맙다고 말했다. 아내 덕분에 평생 잊지 못할 경험을 했다. 여행의 진정한 매력은 이런 예상치 못한 곳을 발견했을 때 그 즐거움이 배가 된다는 점에 있다.

이 동네에 올라오기까지 운전했던 수많은 커브 길과 아랫마을의 모습이 어우러져 또 다른 환상적인 풍경을 선사했다. 전망대에서 오른쪽으로 시선을 돌리자, 타오르미나가 희미하게 보이는 듯했다. 우리가 지나온 고속도로와 바닷가, 그리고 바다로 떨어질 듯이 가파르게 서 있는 산들이 만들어 내는 조화는 말로 표현할 수 없는 기막히게 멋진 광경이었다. 이 모든 것이 자연이 만든 완벽한 서사시였다.

전망대에서 보이는 산비탈의 빌라들은 구시가지 집들과 사뭇 다른 분위기를 띠고 있어 그 이유가 궁금했다. 이 빌라들의 위치가 바다를 향해 있는 것으로 미루어 도시 사람들이 여름에 사용하는 별장으로 추측했다.

공원에서 내려오는 길에서 놀라운 장면을 목격했다. 노부부가 우리 쪽으로 걸어오고 있는데, 할머니의 모습이 예사롭지 않았다. 할머니가 빨간 원피스를 입고 멋진 모자를 쓰고 있었는데, 그 강렬한 색상은 지금도 눈에 생생하다. 아내도 그 모습을 보고 감탄했다. 팔십

대로 보이는 노부부가 더운 날씨에도 불구하고 이렇게 예쁘게 차려 입고 여행을 즐기는 모습이 놀라웠다. 아내는 이 멋진 노부부를 만난 것이 오랫동안 기억에 남을 것이라고 말하며, 그들처럼 멋진 노후를 보내고 싶어 했다.

3장 영화 〈대부〉의 성당 사보카

해변 도로를 따라 북쪽으로 운전하며 구글 지도의 안내에 따라 사보카 마을로 가기 위해 좌회전 후 안내를 따라갔지만, 삼거리에서 그만 길을 잃고 말았다. 몇 차례 같은 경로를 되돌아가면서 방향 감각을 시험받는 듯했다. 결국 사보카로 가는 길을 찾았지만, 도로 표지판이 없어서 찾기가 쉽지 않았다.

산길을 따라 오르며 마침내 산 정상에 있는 사보카 마을의 모습이 눈에 들어왔다. 고요하고 평화로운 마을의 분위기는 이곳까지 힘들게 운전한 수고를 충분히 보상해 주었다.

마을 입구 광장의 전망대에서, 영화 〈대부〉의 촬영으로 유명한 산 니콜라 성당의 도도한 자태가 멀리 보였다. 광장에는 영화 촬영 기사를 묘사한 조형물이 설치되어 있어, 성당과 조형물을 배경으로

기념사진을 찍었다. 이곳에는 관광객을 위한 독특한 오토바이 택시 서비스도 운영되고 있었다. 오토바이 택시로 마을을 둘러보고 싶었지만, 시간이 맞지 않아 이용하지 못했다. 이 택시 서비스의 왕복 요금은 6.5유로였다.

멀리서 바라본 성당의 우아함이 인상적이었다. 성당으로 가는 길은 그늘이 없는 언덕길이어서 다소 힘들었지만, 길 왼쪽으로 펼쳐진 마을의 아름다운 풍경에 흠뻑 빠져, 사진 찍으며 천천히 가다 보니 어느새 성당에 도착했다.

chiesa
S. Nicolo
(statua di S.Lucia)

성당 근처에 도착하자, 외부 스피커에서 영화 〈대부〉의 주제곡이 울려 퍼졌다. 성당 입구에는 영화 장면이 인쇄된 포스터가 걸려 있어, 상업화된 모습에 다소 실망스러웠다. 성당 내부는 소박하고 볼거리가 많지는 않았다.

출구 옆에 전시된 흑백 사진 속 인물들이 후드 복장에 얼굴을 가리고 있다. 이는 스페인 지배 시절에 시작된, 부활절 전날인 성 금요일 기념 행진에 신분과 관계없이 주민 모두가 참여하기 위한 이 성당의 전통이었다.

이 성당은 알 파치노가 연기한 대부의 막내아들 마이클이 시칠리아에서 피신하던 중 사랑에 빠진 여인과 결혼식을 올린 장면으로 잘 알려져 있다. 영화에서 인상 깊었던 결혼식 장면과 현실의 성 니콜로

성당 주변 풍경은 상당히 달랐다. 영화에서는 넓고 탁 트인 시골에서 이루어진 결혼식 장면이 우울한 서정적 분위기를 물씬 풍겼는데, 지금은 주변이 건물들로 둘러싸여 있어 그 같은 고즈넉한 분위기를 느끼기 어려웠다.

성당 앞에서 우연히 만난 한국에서 온 젊은 커플과의 대화는 여행의 즐거운 시간이었다. 그들은 대중교통을 이용해 시칠리아의 시골 마을까지 방문한 젊음과 모험심이 넘치는 여행자들이었다. 이야기를 들으면서 그들의 젊은 용기가 부러웠다.

광장에 있는 카페에서 음료와 빵을 구매하고 화장실을 이용했는데, 이는 이탈리아 여행 중 자주 겪는 일이었다. 공용 화장실이 부족한 상황에서 카페를 이용하는 것은 비용이 조금 들기는 하지만, 현지 카페와 상호 도움을 주고받을 수 있어서 괜찮았다.

4장

상상 속의 에트나 화산

시칠리아 동부에 있는 에트나는 유럽 최대의 활화산으로, 해발 약 3,000미터의 위용을 자랑한다. 역사적으로 중요한 1669년의 화산 대폭발은 카타니아와 노토 같은 도시들에게 큰 피해를 주었지만, 이후 이 도시들이 바로크 양식으로 재건되어 현재는 아름다운 관광 도시로서 주목받고 있다.

사보카에서 에트나 화산으로의 여정은 자동차로 약 2시간 반이 걸렸다. 에트나 화산으로 가는 길은 몇몇 소도시를 거쳐 간 후, 본격적으로 산길에 접어들면서 정상까지 계속 오르막으로 이어졌다. 해발 높이가 올라가면서 이슬비와 안개가 오락가락하는 날씨가 반복되었다. 궂은 날씨 탓에 운전이 어려웠지만, 커브 길을 돌 때마다 나타나는 에트나산의 아름다운 풍경이 운전의 지루함을 달래 주었다. 마주 오는 차가 없어 "길을 잘못 들었나?" 하는 걱정이 들었지만, 아내는 창밖의 경치에 흠뻑 빠져 카메라로 그 아름다움을 담느라고 바빴다.

올라가는 중간에 넓은 주차장이 있어서 그곳 주변을 걸으면서 산속 풍경을 감상하려 했으나, 갑작스럽게 밀려온 안개와 비로 인해 빠르게 철수할 수밖에 없었다.

에트나산 정상으로의 오르막길은 자연의 변덕스러움을 그대로 보여 주었다. 정상에 가까워질수록 날씨는 더욱 변화무쌍해졌다. 비가 오다가 맑아지는 것을 반복하고, 때로는 짙은 안개가 길을 가로막았다. 이러한 날씨는 운전하기에 힘들었지만, 그 운치는 이번 여행의 특별한 추억으로 남았다.

정상 부근의 풍경은 더욱 독특했다. 울창한 나무들이 사라지고, 검은 화산재와 용암 덩어리들이 주변을 채우기 시작했다. 이 황량한 환경 속에서 생명력을 발산하는 노란 야생화들이 신록과 어우러져 아름다운 모습을 보여 주었다. 화산재 위에서 피어난 야생화들은 화산의 거친 환경 속에서도 삶의 아름다움이 존재한다는 것을 상징적으로 나타냈다.

정상 분화구를 가기 위해서는 케이블카를 이용해야 한다. 케이블카 주차장에 도착했을 때 날씨가 무척 좋았다. 드디어 에트나 화산에 왔다는 기쁨이 채 가시기도 전에 맑고 쾌청하던 하늘이 갑자기 어두워지고 차가운 바람이 불기 시작했다.

분화구 주위를 걸어보고 싶은 생각에 먼 길을 재촉하며 달려왔는데, 변화무쌍한 날씨 앞에 우리는 당황하며 고민에 빠졌다. 더군다나 추위에 약한 아내가 감기라도 걸리면 앞으로의 여행이 힘들 것 같아서 아쉽지만 과감하게 포기하기로 했다. 에트나산 정상의 분화구 탐험은 예기치 못한 날씨의 변덕 앞에서 중단할 수밖에 없었다.

주차장 한편에 레스토랑이 있어 점심을 우선 해결하기로 했다. 주차장 바닥에는 바람에 날려온 화산재가 많이 쌓여 있었고, 비가 오면 금세 질퍽해질 것 같았다. 식당 가기 전에 기념품 가게를 둘러보았다. 대부분의 기념품은 특별한 느낌을 주지 못했지만, 에트나 화산의 분화를 상징하는 마그네틱은 특별했다. 그 작은 기념품에 이번 여행의 의미가 담겨 있었다.

셀프서비스 식당인 카페테리아는 음식 가격이 저렴하지는 않았지만, 음식 맛은 꽤 괜찮았다. 밖은 추운데 따뜻한 실내에서 맛있는 음식과 커피를 즐겼더니 피로가 풀리면서 몸이 나른해졌다.

식당을 나서니 날씨가 다시 화창해졌다. 지금 분화구에 올라갈 수도 있다는 기대감 속에 케이블카 승강장을 부지런히 찾아갔지만, 운행 시간이 종료되었다. 직원은 다음날 다시 오라고 했지만, 다음날 시라쿠사로 떠날 예정인 우리는 다시 올 수는 없었다. 이곳을 방문한다면 케이블카 이용을 위해 오전에 오는 것이 좋겠다.

비록 화산 정상에 오르지 못했지만, 에트나산의 거대한 자연경관을 경험한 것만으로도 가치 있는 추억이 되었다. 에트나산의 멋진 풍경과 그 순간을 함께한 아내와의 시간이 소중한 추억으로 남았다.

오후 4시가 지났기 때문에 우리는 서둘러 에트나산을 하산하였다.

하산하는 동안 화산재와 용암이 만들어 낸 대지의 모습을 바라보며 자연이 만들어 낸 예술 작품에 대해 감탄했다.

야생화 들판이 보여서 정차하고 주변을 잠시 산책했다. 짙은 회색의 화산재 위에 피어난 노란색과 분홍색 야생화는 화산 지대의 삭막함 속에서도 아름다움과 생명력을 발산하고 있었다. '생명의 끈질김과 영원함'이라는 아내의 말처럼, 이 작은 꽃들은 자연의 강인함과 아름다움을 동시에 보여 주었다.

에트나를 떠나서 카타니아 숙소까지는 자동차로 약 1시간 반이 걸렸다. 카타니아의 구도심에 접어들면서 도로는 점점 복잡해지고 좁아져 예상보다 더 많은 시간이 소요되었다.

구글맵의 안내가 끝난 지점에 주차 공간이 전혀 없었다. 숙소 주인이 주차 가능하다고 알려 줬음에도 불구하고 주차 공간을 찾지 못해 당황했다. 다행히 도로변 주차장에 자리가 나서 운 좋게 주차할 수 있었다. 이탈리아 여행 중에 호텔이 아닌 아파트형 숙소를 찾아가는 게 쉽지 않았다. 이곳 숙소는 건물 일부를 사용했는데 부킹 앱에 있는 주소는 건물 주소여서 숙소로 가기 위해서는 숙소 주인과 통화를 해야 했다.

무거운 짐을 끌고 숙소를 찾아가는데 애를 먹었지만, 건물에 다행히 엘리베이터가 있어서 4층에 있는 숙소에 가는 데 어려움이 없었다. 무거운 여행 가방을 끌고 4층 계단을 올라가는 것은 60대 부부에게는 너무 힘든 일이기에 엘리베이터가 고마웠다.

숙소에 도착하니 주인이 환한 미소로 친절하게 맞아 주었고, 영어를 잘해서 의사소통이 수월했다. 방과 숙소의 모든 부분을 자세히 설명해 주었고, 옥탑에 있는 주방에서 간단한 요리도 가능하다고 알려 주었다. 건물 외관은 오래되었지만 숙소 내부는 새롭게 리모델링을 해서 깨끗하고 안락했다. 숙박비도 합리적이었고, 냉장고에 있는 음식들은 모두 무료 서비스였다.

그런데 주차 문제가 여전히 마음에 걸렸다. 주인이 밤 8시부터 다음 날 아침 8시까지는 무료 주차라고 말했지만, 현재 시각은 오후 7시, 무료 주차 시간까지는 아직 한 시간이 남아 있어서 고민이 되었다.

그러나 오늘 하루 길고 다채로웠던 여정에 지쳤고 더 이상 신경 쓸 여력도 남지 않아서 주차 걱정은 잊고 쉬기로 했다.

주인으로부터 카타니아 여행에 대한 정보를 얻은 후, 오늘은 숙소에서 저녁을 해결하고 휴식하기로 했다. 숙소가 넓고 깨끗하다고 아내가 매우 좋아했다.

이 숙소(B&B Le 4 Leggende)는 카타니아를 방문하는 여행자에게 적극 추천할 만큼 훌륭하였다.

외지 차량은 파란색 주차선에만 주차 가능

Day 3

카타니아
-
노토
-
농가 호텔

오늘은 오전에 카타니아의 구도심을 짧게 둘러보고, 다음 목적지인 노토로 이동하여 유네스코 세계문화유산을 충분히 감상한 후, 오늘의 숙소인 시라쿠사 농가 호텔까지 가는 일정이다.

아침 식사는 한국에서 가져온 햇반, 김, 몇 가지 반찬을 준비해서 옥탑에 마련된 테이블에서 해결했다. 오랜만에 맛보는 한식은 입맛을 돋우며 우리에게 향수를 불러일으켰다. 아침의 부드러운 햇살이 비치는 옥탑에서 즐긴 아침 식사는 오랜 여행으로 힘들어진 우리의 몸과 마음을 회복시켜 주었다.

5장 페허에서 부활한 카타니아

에트나 화산의 대폭발로 인해 도시 전체가 파괴된 후, 바로크 양식으로 재건된 카타니아의 아름다움을, 카타니아 대성당까지 곧게 뻗은 길을 걸어 내려가면서 충분히 즐겼다. 넓게 잘 정비된 도로가 일직선으로 뻗어있고 재건된 건물들은 우아함을 뽐냈다. 숙소에서 카타니아 중심부까지는 걸어서 약 15분이 걸렸다.

내려가는 도중에 만난 작은 공원에서 잠시 산책하였다. 이 공원은 카타니아가 자랑하는 유명 음악가 벨리니를 기리는 곳으로, 그 규모는 작지만 아름답게 가꾼 정원이 현지인들에게 사랑받는 휴식처로 보였다. 공원을 둘러보고 나오는 길에 보라색 꽃이 만개한 가로수 길이 우리의 시선을 사로잡았다. 그 보라색 가로수의 이름은 모르지만, 그 신비로운 색상의 아름다움 속으로 한동안 빠져들었다. 여행 후 자료를 찾아보니 그 나무는 아열대 지역의 가로수로 많이 키우는 '자카란다'였다.

구시가지의 중심 광장에 도착하자, 고풍스러운 옛 건물들이 광장을 둘러싸고 있는 모습이 눈에 들어왔다. Piazza Universita 대학과 San Giuliano 궁전도 보였다.

두오모 광장을 지나 수산물 시장으로 먼저 향했다. 여행 프로그램을 통해 익히 알고 있던 만큼 기대가 컸는데 시장의 규모는 기대보다 작았다. 그러나 시장 안으로 들어서면서 상인과 손님들 사이에서 흥정하는 활기찬 모습에 금세 빠져들었다. 맑은 파란 하늘 아래, 고색창연한 건물들 사이에서 열리는 이 노천 시장은 새로운 경험이었다.

생동감 넘치는 시장의 분위기는 카타니아의 매력을 한층 더해 주었고, 상인들의 흥겨운 모습에서 이탈리아 사람들의 낙천적인 성향을 느낄 수 있었다.

관광객들이 구경하는 위치는 수산물 시장보다 높은 곳에 있어서 시장 전체를 한눈에 볼 수 있었다. 처음 보는 멋진 광경에 취해 이리저리 옮겨 가면서 동영상과 사진을 촬영했다. 카메라 렌즈를 통해 시칠리아의 생동감 넘치는 일상을 자연스럽게 담을 수 있어서 만족스러웠다.

수산물 시장을 지나쳐 안으로 들어가면 과일과 채소를 파는 가게

들이 갓 수확한 신선한 상품들로 우리를 유혹했다. 복숭아와 체리를 구매했는데 그 어디에서도 맛볼 수 없는 특별한 맛이었다.

수산물 시장을 떠나 두오모 광장으로 나오자, 카타니아의 대성당인 '산타가타 대성당'이 그 위엄과 우아함으로 시선을 사로잡았다. 광장의 다른 한편에는 작은 오벨리스크를 업고 있는 코끼리 상이 보였다. 공사 중인지 일부가 칸막이로 가려져 있어서 제대로 보지 못했지만 그 매력은 느낄 수 있었다.

카타니아의 산타가타 대성당은 로마의 웅장한 성당들과 비교했을 때 상대적으로 크기가 작게 느껴졌다. 로마에서 대규모 성당들을 경험한 우리에게는 이 성당의 크기는 특별히 인상적이지는 않았다.

하지만 옅은 청색을 띠고 있는 성당의 정면 파사드는 세련되고 화려한 인상을 주었다. 파사드에는 세 명의 성인 동상이 장식되어 있는데, 이 동상들은 이탈리아의 유명한 대리석 산지에서 가져온 고품질의 백색 대리석으로 조각되었다. 중앙 높은 곳에 자리한 동상은 카타니아의 수호 성녀인 아가타 성녀이다.

이곳 두오모 대성당은 2유로의 입장료를 받았다. 이전에 방문했던 두오모 성당들은 대부분 무료였는데, 이곳 두오모에서 입장료를 받는 게 다소 의아했다. 나중에 생각해 보니, 성당 내부에 아가타 성녀의 성체 일부와 음악가 벨리니의 무덤이 보관되어 있어 입장료를 받은 것 같았다.

성당 내부는 상대적으로 평범했지만, 화려한 강대상이 인상적이었다. 강대상은 성당의 중심 예배 장소로, 그 세련된 디자인과 세부적인 장식은 성당의 예술적 가치를 돋보이게 하였다.

성당을 떠나면서 숙소 근처 길가에 주차한 우리 차가 주차위반 티켓을 받았을지 걱정되었다. 광장 근처에는 택시를 잡기 어려워서 택시 있을 만한 곳까지 한참을 가야 했다. 택시를 타기까지 20분 이상 걸린 데다가 택시 기사도 카타니아의 복잡한 골목길 탓에 길을 찾지 못해 상당한 시간이 지체되었다. 무료 주차 시간은 이미 한참 지났지만, 다행히 주차위반 티켓은 없어서 안도했다.

6장 바로크 건축의 진수 노토

정오를 조금 넘겨 노토시 경계에 도착했을 때, 구도심을 빨리 보고 싶은 마음에 차량 속도를 높였다. 내리막 커브 길을 돌 때 앞에 경찰차가 보였고, 옆에 선 경찰관이 내 차를 주시하는 것 같아 불안했다. 그가 손짓으로 차를 세우라고 하자, 과속으로 걸린 것 같아서 더욱 불안했다. 경찰관은 여권과 운전면허증을 살펴본 뒤 아무 말 없이 돌려주면서 가라고 손짓했다. 별일 없이 끝나 다행이었다. 이탈리아 경찰을 시칠리아에서 처음 보았는데, 경찰 제복이 정말 멋있었다. 경찰관과 대화를 나눌 기회가 있었다면 재미있는 추억이 될 수 있었을 텐데 그럴 기회는 없었다.

구글맵으로 찾은 주차장에 주차한 후 구시가지로 향했다. 노토는 어떤 모습일지, 미리 본 동영상과 사진과 같을지 궁금증이 커졌다. 발걸음을 서두르며 구시가지로 들어서자, 밝은 황토색의 개선문 모양

VENDE

의 게이트가 우리를 반겨 주었다.

구도심 안에는 외지인의 차가 운행할 수 없으므로 게이트 앞 협소한 공간에 주차하기 위해 차들이 줄 서 있었다. 그때 낡은 소형차가 큰 벤츠와 부딪치는 접촉 사고가 발생했다. 운전자들은 이탈리아인 다운 큰 소리나 제스처 없이 조용히 대화하고 있었는데, 아마도 그들이 외국 관광객이란 생각이 들었다.

노토 구시가지는 바둑판처럼 잘 정돈되어 있고 규모도 작아 길을 잃을 걱정은 없었다. 노토는 카타니아와 마찬가지로 에트나 화산의 폭발로 파괴되었다가 바로크 양식으로 재건된 건축물들로 가득한 곳이다. 구시가지 전체가 유네스코 문화유산으로 등재되어 있다는 점도 흥미로웠다.

게이트를 지나자, 구도심 내의 기념품점들이 우리를 유혹했다. 대부분 가게에서는 마그네틱 같은 소품을 판매했는데, 이곳의 마그네틱은 1개에 4유로로 시칠리아의 다른 마을보다 가격이 비쌌다. 3개를

10유로에 샀는데, 현지에서 채취한 돌로 상점 주인이 직접 만든 수제품이라고 자랑했다.

구시가지의 건물들은 밝은 황토색을 띠고 있었다. 이 지역 특유의 황토색 돌로 지어진 건물들은 섬세한 손길로 다듬어진 석고 반죽처럼 부드럽고 화려하였다. 일정상 저녁때까지 머무를 수 없어 석양에 물드는 황금빛 건물 모습을 보지 못한 것이 아쉬움으로 남았다.

구시가지 안으로 깊숙이 들어가자, 오른쪽 높은 곳에 계단이 많은 성당이 눈에 띄었다. 성당을 마주한 순간, 노토 대성당으로 착각했는데 이는 이 성당이 노토 대성당처럼 성당 입구까지 3층의 높고 넓은 계단

이 이어져서 매우 유사한 건축 구조로 되어 있기 때문이었다. 그곳은 1704년에서 1750년 사이에 바로크 양식으로 재건된 성 프란치스코 성당(Church of Saint Francis of Assisi)이었다. 이 성당은 화산 대폭발 후 도시를 재건하는 데 중요한 역할을 담당했다고 한다.

성당 내부로 들어서자 젊은 여성이 기부를 요청하며 바구니를 내밀었다. 이렇게 직접 사람이 성당 입구에서 요청하는 경우는 처음 경험했다. 이전에 본 자발적인 후원 상자와는 달라서 조금 이상하다는 생각이 들었다. 실제로 기부하는 사람은 거의 보이지 않았다.

성당 내부는 수수했으며, 테레사 수녀와 요한 바오로 2세 전 교황의 초상화가 나란히 걸려 있는 게 이채로웠다. 그 초상화 앞에서 기도하는 신자들의 모습을 보며, 나도 마음속으로 감사의 기도를 드렸다.

성당을 나와 몇 분 정도 걸어가자, 오른쪽에 그 유명한 노토 대성당이 웅장하게 나타났다. 3단으로 이루어진 아름다운 계단 길은 그 폭과 높이가 엄청났다. 웅장하면서도 매우 화려한 노토 대성당의 외관은 정말 명불허전이었다.

넓은 계단 길은 여행에 지친 여행자들이 쉬어가기에 딱 좋았고 때로는 거리 공연의 객석으로도 훌륭하게 쓰일 것 같았다. 이탈리아 여행 중 이처럼 아름다운 계단이 있는 건축물은 처음 보았다. 작은 도시에서 이렇게 큰 성당을 지은 그 당시 주민들의 깊은 신앙심이 느껴졌다.

그때 결혼식을 마친 커플이 하객들과 함께 옆 건물에서 나오는 모습이 보였다. 광장 앞에서 결혼 기념사진 찍고 하객들과 담소하는 모습이 정겨웠다. 우리 기준으로 보면 보잘것없어 보이는 조촐한 결혼식인데, 커플과 하객들의 얼굴엔 함박웃음이 가득했다. 결혼한 커플의 나이가 중년배는 되는 것 같았다. 이번 시칠리아 여행에서 결혼식 장면을 여러 번 구경한 것이 신기했다.

두오모 내부는 유명세에 비해 그다지 인상적이지 않았다. 주로 흰색 톤으로 이루어진 천장과 벽은 수수한 분위기를 자아냈으며, 천장의 프레스코화 몇 개를 제외하고는 특별한 볼거리가 없었다. 지진과 화재로 많은 작품이 소실된 것이 이러한 소박함의 이유로 보였다.

광장을 가로질러 성당 맞은편에 이 도시의 건물들과 다른 스타일의 건물이 우리의 눈길을 끌었다. 흡사 남미에서 볼 수 있는 관공서 건물 같았다. 이곳은 노토 시청이 들어있는 두체지오 궁전(Palazzo Ducezio)이었다. 고대 시칠리아의 왕 두체지오를 기리기 위해 지어진 궁전은 오페라 공연과 행사장으로도 사용된다. 내부에는 루이 15세 스타일의 가구와 호화로운 거울이 있는 거울의 방이 있다지만, 건물 입구가 닫혀 있어 볼 수 없었다.

두체지오 궁전의 옥상에서 보는 두오모 건물과 광장이 매우 인상에 남을 것 같았는데, 역시 문이 닫혀 있어 아쉬움이 컸다.

근처 식당의 야외 테이블에서 점심을 먹었다. 메뉴로는 마르게리타 피자, 꼬제, 알리오올리오 파스타, 콜라와 생수를 주문했다. 음식값으로 36유로를 지급했는데 대도시 식당에 비해 상당히 저렴한 가격에 놀랐고, 맛도 그런대로 좋았다.

옆 테이블에서는 현장 학습하러 온 여학생들이 피자를 먹은 후 계산하고 있었다. 종업원이 웃으며 10명이 넘는 학생의 음식값을 개별적으로 계산해 주는 모습에서 이들의 느긋한 삶의 태도가 느껴졌다.

식사 후 주변을 돌아보며 소규모 노점상들이 판매하는 수공예품을 구경했다. 다양한 물건들이 있었지만, 특별히 끌리는 것은 없었다.

노토는 유네스코 세계문화유산으로 지정된 도시에 걸맞게 중심 도로 주변을 벗어나면 상점과 식당이 없어서 호젓한 옛 도시의 맛을 즐길 수 있었다.

노토 구시가지는 그 규모가 매우 작았다. 직선 도로를 따라 걸어 두오모 광장에서 도시 끝까지 약 10분이면 도달할 수 있었다.

이 작은 마을의 구석구석을 특별하게 경험하고 싶어 꼬마 기차를 타고 한 바퀴 돌아 보려 했으나, 손님이 부족해 1시간 후에 오라는 안내를 받고 돌아섰다. 꼬마 기차 대신 걸어서 뒷골목을 탐험하기로 했다.

뒷골목의 분위기가 너무 한적해 특별한 재미를 느끼지 못했다. 작은 마을의 고즈넉한 분위기는 평화롭지만, 동시에 적막하기도 했다. 이곳의 건축물과 골목길은 그 자체로 독특한 매력을 지니고 있었다.

골목길을 걷다가 어디선가 본 듯한 아름다운 길을 발견했다. 이곳이 바로 봄을 알리는 꽃축제가 열리는 장소였다. 그 비탈진 골목길의

끝에는 몬테베르긴(Chiesa di Montevergine) 성당이 골목길을 굽어보고 있고, 길바닥에는 흰색의 꽃문양이 그려져 있었다. 꽃축제를 준비할 때 이 문양을 따라 꽃을 배치해서 화려한 예술 작품을 만든다고 한다.

'인포리아타(Infiorata)'라고 불리는 이 꽃축제는 매년 5월 셋째 주 일요일에 열리는데, 꽃잎 등 천연 재료를 사용하여 거리에 화려한 그림을 만들어 내는 전통 행사다. 몬테베르긴 성당을 배경으로 펼쳐지는 이 축제는 노토의 봄을 알리는 상징적인 이벤트로, 많은 사람이 찾아와 그 아름다움을 감상한다.

NOTO

이 골목길을 걸으며 양옆의 건물 발코니에 시선이 끌렸다. 이 발코니들은 정교하게 조각된 예술 작품이었다. 각 발코니는 독특한 스타일과 장식으로 개성을 드러내며, 바로크 양식의 세밀한 조각과 화려한 장식의 건축미를 상징하였다.

골목길 언덕 끝에 있는 몬테베르긴 성당에 들어갔다. 성당 규모는 작았지만 화려한 바로크 양식의 정면은 예술품이었다. 내부는 겉모습과 달리 매우 협소하고 평범해서 실망스러웠다. 관리인이 옥탑에 올라가면 환상적인 노토 전망을 볼 수 있다면서 입장권 구매를 권했다. 옥탑을 갈려면 성당 내부 벽에 관광객을 위해 세워진 나선형 철제 계단을 이용해야 했다. 계단은 가파르고 좁아 오르는 내내 긴장했다.

옥탑에 도달한 순간, 힘들게 올라온 노력이 보상받는 듯했다.

옥탑에서 내려다본 광경은 황금빛 물결이 출렁대는 노토의 참모습이었다. 성당이 도시에서 가장 높은 곳에 있어, 노토 건축의 아름다움과 구도심의 매력을 360도로 즐겼다. 황금빛으로 빛나는 건물과 골목길이 만들어 내는 황홀함은 노토 여행의 하이라이트였다.

노토 대성당이 손에 잡힐 듯 가깝게 보였고 옥탑 아래로 방금 지나온 아름다운 꽃골목길이 한눈에 들어왔다.

2.5유로의 입장료로 이렇게 멋진 전망을 보게 되어 무척 만족했다.

그때 하늘이 갑작스럽게 어두워지기 시작했다. 멀리서 검은 구름이 몰려오는 것을 보고, 곧 비가 내릴 것 같은 예감이 들었다. 서둘러 성당에서 내려와 주차장으로 향했다. 몇 분 전까지만 해도 맑았던 하늘이 순식간에 어두워져 도시 전체가 어둑어둑해졌다. 그렇게 맑던 날씨가 갑자기 변하는 모습에 이곳의 변덕스러운 날씨를 실감했다.

비는 다행히 내리지 않았다. 떠나기 아쉬운 마음에 두오모 계단에서 마지막 인증 사진을 남겼다.

주차장에 도착했을 때, 낮에 북적이던 차들은 대부분 떠나고 몇 대만 남아 있었다. 주차장 근무 직원도 이미 퇴근한 모양이었다. 노토는 주로 버스 단체 관광객들이 많았는데, 그들이 모두 떠난 후였기 때문에 오후 3시가 조금 넘은 시간이지만 구시가지는 한산했다.

7장 농가 호텔 숙박의 로망

고속 도로를 따라 1시간 30분을 달려 시라쿠사 외곽에 있는 숙소에 도착했다.

고속 도로를 벗어나 조용한 지방 도로로 들어서면서 구글맵이 외진 시골길로 안내했다. 길은 점점 좁아지고, 승용차 한 대가 겨우 지나갈 수 있는 길이 계속 이어졌다. 긴장감 속에 약 30분을 운전해 숙소 앞에 도착했다.

숙소는 영화에 나오는 저택 처럼 우아한 모습이었다. 굳게 닫혀 있던 대문이 전화 한 통으로 열리는 순간부터 매혹적인 경험이 시작되었다. 가로수가 줄지어 서 있는 길을 따라 들어가 건물 앞에 이르자 숙소의 여직원이 우리를 반갑게 맞아 주었다.

숙소는 과거 농장이었던 자리에 지어진 현대식 건물로, 농가 호텔의 매력을 고스란히 담고 있었다. 이 호텔을 선택한 것은 여행 관련

동영상에서 본 농가 호텔의 멋진 모습에 매료되어 언젠가는 꼭 이용해 보고 싶었기 때문이었다. 그 꿈을 이곳에서 실현하게 되어 기뻤다.

호텔은 넓게 펼쳐진 농장으로 둘러싸여 있어 세상과 단절된 듯 평온함을 선사했다. 정원은 오래된 농장의 흔적을 간직하고 있었고, 커다란 야자수, 뿌리가 드러난 고무나무, 거대한 선인장, 레몬 나무, 그 밖에 수많은 나무와 꽃들로 가득 차 있었다. 이곳 정원이 주는 고요함과 자연의 아름다움이 우리에게는 완벽한 휴식처로 다가왔다.

농가 호텔에는 야외 수영장이 있었지만 우리는 수영을 못해 그저 보는 것만으로 만족했다. 수영장 주변의 안락한 의자에서 휴식을 취하며 이곳의 평화롭고 여유로운 분위기를 즐겼다.

숙소의 객실은 기대했던 것보다 작고 소박했다. 시골스러운 분위기가 넘쳤다. 조식이 포함되어 있기는 했지만 2박 숙박료가 380유로인 거에 비해 객실 만족도는 조금 떨어졌다. 하지만 농가 호텔의 음식에 대한 좋은 평가를 들어온 만큼, 다음 날 아침 식사에 대한 기대감이 높아졌다.

짐을 정리한 후, 저녁 식사 시간까지는 조금 여유가 있어 시라쿠사의 주요 관광지인 그리스-로마 고고학 공원을 방문하기로 했다.

공원 옆 도로 주차장에 주차하고 공원으로 향하던 중 비가 갑작스럽게 내리기 시작했다. 우산을 가지러 차에 돌아갔다가 다시 공원으로 가기에는 꽤 먼 거리를 걸어야 해서 공원 방문을 포기하고 숙소로 돌아왔다.

아내는 속이 불편하여 식사를 거르기로 했다. 숙소 식당에서 난생처음 먹은 대구찜 요리는 매우 맛있었다. 함께 식사하지 못한 아내에게 미안할 만큼 정말 만족스러웠다.

Day 4

그리스 고대 식민지 도시 시라쿠사

오늘은 시라쿠사 북서쪽에 있는 고고학 공원과 '눈물의 성모 마리아 성당'을 오전에 방문한 후, 숙소로 돌아와 점심을 먹고 늦은 오후에 시라쿠사 남쪽에 있는 오르티지오 구시가지를 둘러볼 계획이다.

시라쿠사는 시칠리아섬의 남동쪽에 있는 도시로, 기원전 5세기에 고대 그리스인들에 의해 식민지로 건설되었다. 한때 아테네를 능가할 정도로 번성하였던 시라쿠사는 당시 인구가 약 10만 명에 달했다고 한다.

제2차 포에니 전쟁 후 로마 제국의 지배를 받게 되면서 시칠리아의 중심지로 번영했다. 이러한 역사적 배경으로 인해 시라쿠사는 고대 그리스와 로마 시대의 유적지로 유명하며, 오르티지오 섬의 두오모 광장은 이탈리아에서 가장 아름다운 광장의 하나로 불린다.

시라쿠사는 구시가지가 있는 오르티지오 섬과 신시가지로 구분되며 지금은 시칠리아에서 팔레르모 다음으로 유명한 관광 도시이다.

호텔에서의 아침 식사는 우리의 기대를 완벽하게 충족시켰다. 메뉴는 매우 훌륭했으며, 제공된 서비스도 흠잡을 데 없이 좋았다. 농가 호텔이라는 독특한 환경에서 제공되는 식사는 그 자체로 특별한 경험이었으며, 이곳에서만 받을 수 있는 혜택을 충분히 누렸다는 느낌을 받았다. 오늘 여행을 시작하는 데 있어 상쾌한 기분 전환점이 되었다.

8장 ★ 그리스-로마 고고학 공원

아침 9시, 그리스-로마 고고학 공원에 도착했다. 오늘이 국경일이라 입장료 13유로가 무료인 행운을 누렸다. 어제 비로 인해 포기한 것이 결국 좋은 결과로 이어져 수지맞았다.

공원 내 첫 방문지로 채석장으로 사용되었던 동굴로 갔다. 동굴 입구는 평범했으나 안으로 들어가 마주치는 내부는 웅장한 규모와 기이한 형태를 보여 주었다. 내부의 벽과 천장에 징으로 깎아 낸 자국을 보니 이곳이 인공 동굴임을 알 수 있었다. 네모난 형태의 채석 흔적과 높은 천장까지 징으로 파낸 자국을 보면서 고대 채석 기술이 궁금했다.

그 당시 시라쿠사 도시 건물들을 지을 때 이곳에서 나오는 석회암을 사용했다. 석회암의 특성상 채석은 비교적 수월하지만, 강도가 약해 석회암으로 지은 건물들은 에트나 화산의 폭발과 지진으로 인해 쉽게 무너졌을 것으로 추측했다.

기이한 자연 동굴처럼 보이는 곳도 있고, 동굴이라기보다는 설치 예술로 보이는 장소도 있었다.

두 번째 방문한 동굴은 '디오니시오의 귀'라고 불리는 곳으로 고고학 공원 내에 있는 특이한 형태의 인공 동굴이다.

이 동굴 내부는 S자 모양의 곡선을 따라 이어지며, 깊숙이 들어가면 매끈하게 깎인 광활한 공간이 나타난다. 깊고, 넓고, 높게 파내면서도 안정적인 구조를 유지한 당시 장인들의 뛰어난 기술력이 놀라웠다.

이 동굴 안은 길이가 65미터, 천장 높이가 23미터에 달하며,

입구가 좁게 만들어져 있다. 고대에 전쟁 포로로 잡힌 아테네인들을 가두는 감옥으로 한때 사용되었다고 전해진다. 이 동굴의 구조 때문에 작은 소리도 공명하여 크게 울리는 효과가 있다고 들었는데 이를 실험해 보는 관광객은 없었다. 정말로 폭군 디오니시오가 죄수들의 대화를 엿들었다는 전설이 맞는지 궁금했다.

이러한 역사적인 배경과 독특한 구조로 인해 '디오니시오의 귀' 동굴은 시라쿠사의 중요한 관광지가 되었다.

한국의 자연 석회암 동굴과 달리, 이곳은 인공적으로 채석한 동굴이라 한국의 동굴처럼 아기자기하고 신비한 멋은 없었다.

이스라엘 성지순례 갔을 때 이곳과 유사한 채석 동굴을 방문했었다. 그곳 안에서 불렀던 노래 소리의 울림이 기가 막히게 좋았다. 콘서트홀에서 듣는 느낌이었다. 내부 모양새도 신비로운 기운이 가득했었다. 그와 달리 시라쿠사의 동굴은 형태나 규모 면에서 다소 미흡하지만, 오랜 역사성과 독창성에서 훌륭했다. 이는 이곳이 그리스 식민지 시대에 만들어져 오래되었고 여러 차례의 지진으로 말미암아 원래의 모습이 많이 변형되었기 때문이라고 생각했다.

'디오니시오의 귀' 동굴을 둘러본 후, 약 10분 거리에 있는 그리스 원형 극장을 방문했다. 타오르미나에서 본 그리스-로마 원형 극장과 비교했을 때 시라쿠사의 원형 극장은 규모와 웅장함에서 두드러졌다.

우리가 방문했을 때 극장은 리모델링 공사 중이었다. 극장 안으로 접근할 수 없도록 펜스로 막아 놓아서 멀리서 보는 수밖에 없었다. 리모델링으로 인해 깔끔하게 재정비된 계단식 객석은 낯설게 느껴졌으며, 원형 극장의 옛 모습을 잃고 실용적 용도로 변모한 것이 아쉬웠다. 이러한 변화는 역사적 유적의 보존과 현대적 활용 사이에서 발생하는 딜레마다.

이 극장은 그리스 식민지 시대에 지어졌으며, 1만 6천 명을 수용할 수 있는 규모로, 자연 지형을 활용해 큰 암석을 깎아 만든 것이 특징이다.

이곳 원형 극장은 고대 그리스 문화의 핵심 장소로, 다양한 신화와 전설을 다룬 연극이 상연되었다. 이러한 공연들은 역사와 철학에 관한 토론의 장이 되기도 했다.

원형 극장은 도시보다 높은 곳에 있어 지중해를 배경으로 멋진 경치를 볼 수 있었다. 객석에서 연극 공연을 보면서 지중해의 아름다운 풍경도 감상하도록 설계한 그리스 건축가들의 뛰어난 기술과 예술적 감각에 감탄했다.

객석보다 높은 곳에 여러 개의 둥근 모양의 작은 동굴이 보였다. 공연을 앞둔 출연자들이 사전 준비와 휴식을 취하기 위해 만든 인공 동굴이라고 한다. 한 동굴에 작은 인공 폭포가 흘러 관광객들의 시선을 사로잡았다. 어떤 동굴들은 안쪽으로 서로 연결되어 있는데 그 용도가 궁금했다. 동굴 내부에서 바라본 외부 풍경은 사진 찍기에 너무 멋있었다.

동굴들 왼쪽에 작은 사각형 모양의 돌들을 파낸 흔적이 남아 있는 바윗덩어리를 발견했다, 아마도 극장의 객석을 만들기 위해 채석한 흔적으로 보였다.

다음 목적지는 로마 원형 극장이었다. 이 극장은 작은 규모지만, 로마 극장의 전형적인 형태를 그대로 간직하고 있었다. 중앙 공연장을 중심으로 타원형의 관객석이 마주 보게 배치되어 있으며, 공연자들이 사용하던 지하 통로도 보였다.

이 원형 극장은 AD 2세기 말에 건설되었으며, 원래는 8개의 출입문이 있었는데, 현재는 그 흔적만 일부 남아 있었다. 그리스 유적지와 달리 이곳을 방문한 관광객은 많지 않았다. 그래도 역사적 가치와 건축적 특성은 여전히 중요해 보였다.

로마 원형 극장 탐방을 끝으로 고고학 공원을 출발해 '눈물의 성모 마리아 성당'으로 향했다. 가는 길에 그늘도 없고 햇살도 뜨거워져 양산을 가져오지 않은 것을 후회했다. 약 20분 만에 성당에 도착했지만, 입구를 찾지 못해 한 바퀴 돌아야 했다. 더운 날씨와 지친 몸으로 인해 성당 방문이 다소 귀찮게 느껴졌다.

성당 외관은 고깔모자를 쓰고 있는 듯한 모양의 초현대식 디자인으로, 신비로운 분위기가 감돌았다. 이 독특한 건축 스타일에 강렬한 인상을 받았다. 성당 건물 자체가 훌륭한 예술 작품이다.

SIGNIFICATO BIOLOGICO-MEDITATIVO
DELLA LACRIMAZIONE DI MARIA
Le lacrime umane di Maria sono pregne di tanti significati. Esse hanno, un *arcano linguaggio* (Pio XII); un linguaggio intrinseco perché espresso in silenzio: un linguaggio poliglottico, comprensibile in tutte le lingue, formato da *fonèmi*, che partono dal cuore di ogni mamma, chiuso nel io dell'amore.
Ma un particolare significato della prodigiosa lacrimazione ci viene dato dal confronto biologico e meditativo. Il secreto lacrimale umano contiene un elemento, il *LISOZÌMA*, che, oltre ad essere un antisettico, ha anche un'efficace azione immunizzante. Il suddetto enzìma si trova pure nel latte materno e riesce a fornire una carica immunitaria atta a difendere il lattante nei primi mesi di vita...
La Madonna, col Suo pianto, ha voluto fornirci un *DIVINO LISOZÌMA*, capace di vincere il male, immunizzando la nostra vita contro i germi e i virus, costituiti dall'ira, dal risentimento, dal malanimo, dal sospetto, dalla gelosia, dallo spirito di contesa, dalle guerre; germi e virus iniettati dal demonio per far deragliare la nostra vita dal binario dell'Amore e del perdono reciproco. La Madonna ha voluto donarci la quantità di *LISOZÌMA SPIRITUALE* per vincere il male del nostro egoismo e del nostro protagonismo, che incrina i rapporti d'amore tra noi, Suoi figli, per **vincere il Male col Bene**.
Sebastiano Rodante

성당 마당에서 흑인 청년이 다가오더니 구걸했다. 사지가 멀쩡해 보이는데 구걸이라니? 아프리카 난민인가? 이곳 실업률이 심각한가? 이런저런 상념 속에 성당 내부로 들어갔다.

내부 디자인은 기둥이 전혀 없고 중앙에 고깔 모양 천장이 높이 솟아 있는 것이 독특하고 창의적으로 보였다.

성당 안에는 많은 사람이 모여 있었다. 이곳은 가톨릭 신자들에게 유명한 성지순례 장소이다. 1953년 8월, 성당 근처 어느 가정에 있던 성모상에서 눈물이 흘렀던 기적으로 유명하다. 이 기적은 로마 교황청에 의해 공식적으로 인정받았으며, 바로 이 성모상을 모시기 위해 '눈물의 성모 마리아 성당'이 1993년에 완공되었다.

잠시 후 신부가 나와 미사를 집도하고, 순례객들은 줄을 서서 유명한 성모 마리아 상을 관람하기 시작했다. 성모상 앞에서 기도하고 묵상하는 신자들의 모습이 경건했다. 우리도 구원자 예수님을 묵상하며 기도로 동참했다.

점심 식사를 위해 숙소로 돌아왔다. 점심은 수영장 옆의 카페 테이블에서 먹었다. 샐러드, 샌드위치, 화이트 와인을 주문했는데 아침 식사만큼 훌륭한 맛을 선사했다. 농가 호텔의 고급스러운 분위기 속에서 여유로운 시간을 보냈다. 한국에서 멀리 떨어져, 시칠리아의 한 농가 호텔에서 느끼는 기분을 행복이라는 짧은 말로 다 표현할 수 있을까.

ACETO
BALSAMICO
DI MODENA
I.G.P.
250ml
8,45 FL.OZ.

9장 시라쿠사의 꽃, 오르티지아

시라쿠사 여행의 하이라이트인 오르티지아 섬으로 향했다. 이곳의 주차난이 매우 심각하다는 것을 이미 알고 있었는데, 역시 주차 공간을 찾기는 매우 어려웠다. 해안 도로를 따라 주차된 차들 사이에서 마침 떠나는 차를 발견하고 급히 주차했다. 주차한 곳이 주차 가능 지역인지 확신이 서지 않았지만, 시간이 촉박해 일단 주차하고 도심안으로 향했다.

첫 방문지는 산타루치아 알라 바디아 성당이었다. 이곳에는 바로크 예술의 대가 카라바조가 그린 '산타 루치아의 순교'라는 걸작이 전시되어 있어서 특별히 방문하고 싶었다. 이 작품은 카라바조가 로마에서 범죄를 저지른 후 시칠리아로 도피했을 때 그린 것으로, 신앙을 지키다 죽은 산타 루치아 성녀의 매장 장면을 묘사한다.

오후 4시에 문을 닫는다는 사실을 알고 있어 서둘러 갔지만, 도착했을 때는 이미 문이 닫혀 있었다. 실망감 속에서 주변을 서성이다가 '산타 루치아의 순교'가 다른 성당으로 옮겨졌다는 안내문을 보고 다소 위안을 받았다.

산타 루치아 성당 앞의 넓고 아름다운 광장은 시라쿠사의 두오모 광장이었다. 오른쪽으로 보이는 두오모 성당의 옆모습은 화려한 바로크 양식으로 눈길을 끌었다. 우리는 오르티지아 섬 탐방을 이 광장에서 시작했다.

시라쿠사 두오모 성당은 노토 두오모와 함께 시칠리아의 대표적인 바로크 양식 성당이다. 1693년에 발생한 큰 지진으로 노르만 양식의

정면과 종탑이 파괴되었고, 이후 18세기에 바로크 양식으로 재건됐다. 내부는 도리아 양식의 기둥과 노르만 양식의 천장이 아름다움을 더해 준다.

성당의 파사드와 계단은 화려함으로 유명하다. 중앙에는 성모 마리아 상이 있고, 그 왼쪽 아래에는 시라쿠사의 초대 주교 산 마르치아노가, 오른쪽에는 수호성인 산타 루치아가 자리 잡고 있다. 계단을 올라가니 천국의 열쇠를 든 성 베드로와 칼과 성경을 든 사도 바울의 조각상이 우리를 맞아 주었다.

예수님의 제자 중 가장 유명한 베드로와 바울의 동상을 다른 성인들 동상보다 낮은 곳에 배치한 이유가 무엇일까. 기독교 신자들이 영적으로 가장 닮고 싶은 베드로와 바울을 성당을 드나들 때마다 신자들이 항상 볼 수 있도록 성당 입구의 좌우편에 두었을 거라고 생각했다.

두오모 성당의 내부는 바실리카 양식으로 설계되었으며, 좌우의 회랑은 공간의 균형과 아름다움을 보여 주었다. 노르만 양식의 나무 천장은 성당 내부의 독특한 특징 중 하나로, 그 이채로운 모습이 우리의 시선을 사로잡았다.

성당을 방문한 단체 관광객들이 오른쪽 회랑에 있는 작은 예배당 앞에서 설명을 듣고 있었다. 이러한 작은 예배당들은 종종 특별한 역사적 또는 예술적 가치를 지니고 있어 관광객과 신자들에게 더욱 깊은 이해와 감상의 기회를 제공하곤 한다.

오른쪽 회랑 끝에는 다양한 유물과 역사적 가치를 지닌 작품으로 가득 차 있는 예배당이 있다. 이곳에는 오래된 시라쿠사 주교들의 매장 기념물과 중요한 예술 작품들이 전시되어 있었다. 특히, 안토넬로 다 메시나가 그린 산 조시모의 묘사와 같은 작품은 이 예배당의 중요한 볼거리 중 하나이다.

오른쪽 회랑 중간에 있는 예배당은 수호성인인 산타 루치아를 기리는 화려하고 작은 공간으로, 그녀에게 바쳐진 깊은 존경과 신앙의 상징이다. 특히 제단 아래에 성녀 산타 루치아의 왼쪽 팔뼈가 담긴 성체함이 안치되어 있다. 이 성체함은 가톨릭 신자들에게는 거룩함의

대상이며, 그것을 보는 것만으로도 경외감을 충분히 느끼는 것 같았다. 이탈리아 성당들을 방문하면서 이와 같은 성체 및 성물을 종종 볼 수 있었는데, 이런 유물들이 신자들의 신앙심을 높이는 역할을 오늘날에도 한다는 사실이 놀라웠다.

성당의 회랑 외벽을 지탱하고 있는 거대한 도리아식 기둥들은 특별한 역사적 의미를 지닌다. 이 기둥들은 원래 기원전 5세기에 건설된 아테네 신전의 일부였던 것을 성모 마리아 탄생을 기리기 위해 이 성당을 지을 때 재사용하였다. 수천 년을 견디며 성당을 든든하게 지탱하고 있는 기둥들을 보면서 우리가 성당이 아닌 고대 그리스 신전에 들어와 있는 착각에 빠졌다.

성당 앞 두오모 광장은 주변의 중세 건물들과 조화를 이루며 이탈리아에서 손꼽히게 아름다운 두오모 광장임을

뽐내고 있었다. 광장의 크기가 도시 규모에 비해 매우 크다는 인상을 받았다. 흐렸던 날씨가 맑아지자, 광장에는 많은 관광객으로 넘쳐났다. 오후의 부드러운 햇살을 머금어 황금빛으로 변하는 두오모를 배경으로 기념 사진을 찍는 방문자들의 얼굴에 웃음이 가득했다.

두오모 성당에서 멀지 않은 곳에 있는 시라쿠사 지방 미술관을 찾아갔다. 구시가지의 좁고 복잡한 미로 같은 길 때문에 길을 찾는 데 다소 시행착오를 겪었다.

힘들게 도착했더니 그만 미

술관이 닫혀 있었다. 오늘 금요일인데 문을 닫다니 너무 허탈했다. 오늘이 국경일이란 것을 우리가 깜빡했었다. 이곳에 전시된 안토넬로 다 메시나의 '성모영보(수태고지)' 회화 작품을 보지 못해 무척 아쉬웠다.

미술관을 방문하지 못한 아쉬움을 뒤로 하고, 동쪽 바닷가로 향했다. 그곳에 도착한 순간, 사진으로 보던 장소가 갑자기 눈앞에 펼쳐져 감격스러웠다. 곡선으로 휘어진 방파제 도로와 동네 건물들 그리고 지중해가 어우러진 풍경은 예술 작품이었다. 카메라로 찍은 사진의 구도가 참으로 멋있었다. 다소 쌀쌀한 날씨에도 불구하고, 해변에서 수영을 즐기는 사람들이 보였다. 시칠리아인들의 바다 사랑을 느낄 수 있었다.

서쪽 해변으로 가기로 했다. 오르티지아 섬은 폭이 좁아서 동쪽 해변에서 서쪽 해변까지 10분 정도 걸어가면 닿을 수 있었다. 가는 도중에, 조용한 골목길을 여유롭게 구경하며 오르티지아의 속살을 느껴보는 시간을 가졌다.

느긋하게 걷다가 폐허처럼 보이는 건물을 발견했다. 보통 숙박 시설이나 식당으로 충분히 활용될 수 있는데, 왜 방치된 상태로 있는지 그 이유가 궁금했다.

서쪽 해변 길을 따라 섬 남쪽으로 향했다. 오르티지아 섬의 남쪽 끝부분에 있는 마니아체 성 입구에 도착했다. 성 앞에 있는 매우 큰 광장에는 휴일을 맞아 방문한 주민들로 활기가 넘쳤다. 그곳에서 바다를 끼고 있는 마니아체 성의 모습이 그림엽서 같았다.

국경일을 맞아 이곳도 4유로 입장료가 무료였다. 오늘은 총 34유로의 입장료를 절약해 기분이 무척 좋았다.

마니아체 성은 바다와 해자로 둘러싸여 있어서, 오직 다리를 통해서만 성 입구로 들어가는 구조로 되어 있다. 이러한 위치와 구조는 성이 천혜의 요새로서의 역할을 했음을 보여 준다. 바다와 해자가 성을 자연스럽게 보호해 주어 중세에는 적들의 침입을 막는데 큰 역할을 했을 것이다.

마니아체 성은 AD 13세기에 프레데릭 2세 왕에 의해 건설되었다.

프레데릭 2세는 당시 신성 로마 제국의 황제이자 예루살렘의 왕으로, 십자군 전쟁 역사에서 중요한 인물이었다. 그의 어머니가 시칠리아 왕국의 공주였기 때문에, 프레데릭 2세는 시칠리아 왕국의 왕위를 이어받았다. 초기에는 이 지역의 왕들이 거주하는 성으로 지어졌지만, 나중에 방어 목적의 요새로 증축되었다.

성으로 들어가는 다리를 건너면 넓은 광장이 나타나고, 그 앞에 마니아체 성이 우뚝 서 있었다. 이 광장은 17세기 스페인의 지배하에 조성된 것으로, 성의 주요 출입문인 게이트와 함께 역사적으로 중요한 유적이다.

광장 한편에 성벽으로 올라가는 계단이 보여 올라가 보니, 방금 들어온 광장 입구와 탁 트인 지중해의 아름다운 파노라마 풍경이 한눈에 들어왔다.

광장을 가로질러 마니아체 성의 입구로 들어갔더니 아치형의 넓은 공간이 나타났다. 지금은 텅 비어 있는 이 공간이 과거 번성했던 시절, 어떻게 사용되었는지 궁금했다. 왕이 외국 사신을 접견하는 장면, 귀족들의 호화로운 연회, 적의 침입을 막기 위한 전략회의 등 여러 가능성을 떠올렸다.

성 내부를 지나 건물 밖으로 나가니, 방어 목적으로 설계된 요새 부분에 도달했다. 이곳에는 엄청난 크기의 아치형 동굴이 있었는데, 이는 아마도 해상에서 접근하는 적을 막기 위해 대포를 설치했던 장소로 짐작했다. 이러한 아치형 동굴이 연속적으로 이어져 있는 건축물은 처음 보는 흥미로운 구조였다.

더욱 흥미롭게도, 이 공간은 한때 감옥으로도 사용되었다고 한다. 성과 요새를 포함한 이곳의 군사적 건축물은 그 독특한 양식으로 인해 건축학적으로 중요한 가치를 지니고 있다.

마니아체 성은 그 규모와 디자인이 매우 독특하여, 지상에서는 그 전체적인 모습을 파악하기 어려웠다. 드론을 통해 공중에서 촬영하면, 건축물의 구조와 주변 경관을 한눈에 볼 수 있을 것 같았다.

유튜버들의 동영상에 소개된 장소의 풍광이 너무 멋있어서 방문하고 싶다는 생각을 많이 했었다. 하지만 막상 방문해 내 눈으로 보면 그렇지 못해 아쉬울 때가 많았다. 다음 여행 때는 드론을 날려 멋진 장면을 남기고 싶다.

자동차 주차한 곳으로 서둘러 가던 중, 예상치 못한 비가 내리기 시작했다. 약한 비라서 곧 지나갈 것으로 보였는데, 점차 빗줄기가 굵어지더니 금세 소나기로 변해 쏟아지기 시작했다. 우산도 무용지물이 될 정도로 강한 비였기에, 가까운 카페의 천막 아래로 피신했다.

천막 안에서는 놀랍게도 몇몇 사람들이 기타 치며 흥겹게 노래를 부르고 있었다. 그들의 즐거운 모습과 낙천적인 태도는 비가 내리는 상황 속에서도 긍정적인 분위기를 만들어 냈다. 이 즐거운 장면과 대조적으로, 비를 맞으며 우산을 팔려고 이리저리 뛰어다니는 흑인 장사꾼의 모습이 안타까웠다. 곧 비가 그칠 것을 알고 있는지, 아무도 우산을 사지 않았다. 여행의 즐거움과 현실적 삶의 어려움을 동시에 마주치는 이러한 상황에 마음이 편치 않았다.

비가 잦아들자, 사람들이 길로 쏟아져 나왔다. 짧은 시간 동안 내린 비에도 불구하고, 도로는 마치 개울처럼 물이 콸콸 쏟아져 흘러내렸다. 비를 피했던 장소는 아레투사의 샘 부근이었다. 샘에서는 헤엄치는 오리들과 물가에 앉아 있는 비둘기들을 볼 수 있었다. 자기들이 마치 그곳의 주인인 것처럼 자신의 영역을 여유 있게 즐기고 있었다.

비가 계속 오락가락했다. 디아나 분수에 도착했을 때, 다시 비가 내리기 시작했다. 비가 내리는 가운데, 분수에 있는 조각상이 우아하고 매혹적인 자태를 뽐내고 있었다. 분수 옆으로 우산을 함께 받쳐 들고 걸어가는 연인의 모습이 사랑스러웠다.

주차한 곳에 돌아왔을 때, 주차위반 스티커가 붙어 있는 것을 발견했다. 30유로의 과태료였다. 찜찜했던 주차가 결국 위법이었다. 다음부터는 가급적 공용주차장을 이용하기로 했다.

저녁은 한국인 자매가 운영하는 '러브 스시'에서 해결하기로 했다. 현지 음식만 먹어 온 탓에 한국에서 먹던 음식이 그리웠다. 식당 주인은 반가운 한국어로 우리를 맞이했다. 한국말을 듣는 것이 얼마

만인지. 음식을 주문하고 이런저런 이야기를 나누며 즐겁게 시간을 보냈다.

주인인 언니는 로마에서 살다가 시칠리아가 고향인 남편과 함께 이곳으로 이주해 17년째 살고 있었다. 동생은 주방 일을, 언니는 홀 서빙을 담당했다. 시라쿠사에서 한국인이 운영하는 유일한 식당이고, 대부분 손님은 현지인이라고 했다. 한국식 스시와는 조금 달랐지만, 맛이 좋았고 서비스도 훌륭했다. 초밥, 롤, 튀김, 우동을 먹고 음식값 54유로를 지급했다.

구글맵을 끄고 기억에 의존해 운전하던 중에 숙소 가는 길을 그만 지나쳤다. 도로가 1차선 도로라서 유턴하기가 쉽지 않았고, 먹을 생수도 필요했으므로 다음 마을까지 가기로 했다. 마을에 도착했는데, 동네 분위기가 매우 낯설었다. 길거리에는 많은 흑인이 서성대고 있어 조금 전에 보았던 시라쿠사 시내 풍경과 완전히 달랐다. 왜 이곳에 흑인 동네가 있는지 이해할 수 없었고 그들이 이 시간에 무엇을 하고 있는지도 궁금했다. 하지만 동네 분위기가 무섭게 느껴졌고 지나가는 우리 차를 쳐다보는 시선도 따가워서 생수만 사서 빨리 이 동네를 벗어나고 싶었다.

그 동네에서 어렵게 찾아간 마트에 도착해 보니, 주차장의 콘크리트가 여기저기 깨져 있고 쓰레기도 널려 있어 지저분했다. 마치 미국의 가난한 흑인 동네에 온 기분이었다. 마트 안에 들어서자마자 모든 사람의 시선이 우리에게 집중됐다. 동양인을 처음 본 듯한 표정들이었다. 마치 "저 사람들 어쩌다가 우리 마을에 왔지?"라는 듯한 눈빛이었다.

그래도 생수가 필요했기에 따가운 시선을 무시하고 생수를 찾았다. 2리터짜리 생수가 여섯 병 있는 팩만 있었다. 계산대에서 직원에게 물어봤는데, 서로 언어가 통하지 않아 손짓, 발짓으로 설명했다. 직원은 이해한 듯 따라오라고 했다. 팩에서 한 병만 꺼내 주며 계산해 줬다. 가격이 단 50센트였다. 너무 저렴해서 놀랐다. 보통 0.5리터 한 병에 1유로인데, 2리터에 50센트라니! 가난한 동네라서 그런 것 같았다. 직원이 너무 친절해서 부정적 선입견을 가졌던 우리가 미안하였다.

숙소에서 저녁 식사 후 산책하던 중, 짙은 파란 하늘에 떠있는 환한 보름달이 숙소 전경을 아름답게 비추었다. 순간을 포착해 카메라에 담았다.

농가 호텔 'Caiammari Boutique Hotel & Spa'에서의 다양한 경험을 통해 우리는 이번 시라쿠사 여행을 보다 의미 있게 보낼 수 있었다.

Day 5
해변 마을
-
라구사
-
아르메리나

오늘은 시라쿠사 숙소 직원이 추천한 해변 마을에서 잠시 휴식을 취한 후, 구도심의 멋진 전망으로 유명한 라구사를 구경하고, 모자이크 바닥 작품으로 알려진 빌라 로마나를 방문할 계획이다.

10장 숨겨진 보석 해변 마을

숙소에서 해변 마을을 가려면 라구사 방향의 고속도로를 이용해야 하는데, 고속 도로 입구가 공사로 인해 막혀 있었고, 어떻게 우회해야 하는지 안내 표지판도 없었다. 시칠리아에서는 도로 공사 중에 대체 길을 안내하지 않는 경우를 여러 번 경험했다. 다행히 구글맵이 역방향으로 우회하라고 안내해 줘서 시라쿠사 시내 방향으로 갔다가 출구를 나간 후 유턴해서 라구사 방향으로 향했다. 이에 따라 약 30분의 시간 지연이 발생했다.

시라쿠사 숙소를 출발하여 1시간 이상을 운전한 끝에, 11시를 조금 넘겨서 마르자메미(Marzamemi) 마을에 도착했다. 마을 입구 공터에 임시 주차장이 마련되어 있었고, 주차비로 3유로를 받았다. 이전의 이탈리아 여행과 달리 이번 이탈리아 여행에서는 지역의 동네마다 관광 수입을 올리기 위한 노력을 눈에 띄게 노골적으로 하고 있었

다. 팬데믹 이전에 비해 입장료나 주차비가 너무 많이 올라서 기분이 좋지 않았다.

마르자메미는 주로 시칠리아 현지 주민들이 주말에 방문하는 작은 해변 마을이라고 들었다. 해변과 주변 건물을 언뜻 보았을 때, 상업화가 진행되지 않아 소박하고 아담했다. 옛 해변 마을에 가기 전에 그림 같은 해변에 앉아서 주변 경치를 즐겼다. 한산한 해변 분위기가 너무 좋았다.

마을 초입의 해변에서 해변 마을까지는 상당한 먼 거리였다. 6월 초임에도 불구하고 이미 여름이 시작된 듯, 강렬한 햇볕이 내리쬐었다. 그늘이 없는 길을 걷는 것은 꽤 힘들었다.

마을 안쪽으로 들어서자 아기자기하고 예쁜 카페들, 기념품 가게들 그리고 식당들이 모여 있는 모습이 눈에 들어왔다. 마을 안 광장으로 이어지는 길로 접어들자 꽤 많은 여행객이 보였다. 처음에 느꼈던 한가롭고 평화로운 마을의 이미지와는 달리 활기찬 관광지의 분위기가 확 느껴졌다. 큰 도시의 화려함보다 작고 예쁜 마을을 좋아하는 아내는 이런 반전이 있는 곳을 발견하면 흥분을 감추지 못하고 좋아했다.

기념품 가게 몇 곳을 지나 마을 안쪽으로 들어가니 자그마한 성당을 품고 있는 광장이 나타났다. 마을의 규모에 비해 상당히 넓은 이 광장에는 성당 양쪽으로 오래된 단층 건물들이 둘러서 있고, 성당 맞은편에는 공공 기관으로 사용된 듯한 건물도 있었다. 이 건물들이 식당과 기념품 상점으로 활용되고 있는 게 여느 관광지와 비슷한 모습이었다.

성당 옆에 최근에 지어진 듯한 2층 통유리 빌딩이 눈에 들어왔다. 마을의 전통적인 분위기와 맞지 않는 이 생뚱맞은 건물을 보면서 이곳도 얼마 지나지 않아 관광객이 붐빌 것을 생각하니 안타까운 심정이 들었다. 이 작은 마을의 고즈넉한 분위기가 변화의 바람 앞에 흔들리고 있었다.

광장 옆의 골목을 지나자마자 바닷가가 나타났다. 마을의 집과 바다가 거의 붙어 있어서 나도 모르게 바닷물에 손을 넣었다. 이번 시칠리아 여행 중에 바닷물에 손을 담근 첫 번째 경험이었다.

바닷가에는 과거 방파제로 사용됐을 법한 네모난 큰 돌들이 여기저기 묻혀 있었고, 맑고 푸른 바닷물 색과 잘 어울려 인증 사진 포인트 역할을 톡톡히 했다.

탁 트인 바다 전망이 뛰어난 바닷가 식당에서 간단한 점심을 먹었다. 칵테일 주스와 다양한 모둠 안주를 주문했는데 한 끼 식사량으로 충분했다. 그늘에서 시원한 바람을 맞으며 쉬는 순간이 너무 좋았다. 잡다한 세상사를 모두 잊어버리고 싶었다.

우리가 즐거운 순간을 셀프 촬영하는 모습이 보기 좋았는지 여종

업원이 다가와 사진을 찍어 주겠다고 했다. 그녀는 10대 소녀의 섬세한 감성을 살려 우리 부부의 모습을 멋지게 찍어주었다.

주변을 둘러보니 식당 종업원들이 우리를 호기심 가득한 눈길로 바라보고 있었다. 아마도 이곳까지 찾아온 동양인 부부의 모습이 그들에게 신기하게 보였나 보다.

우리는 이렇게 조용하고 소박한 마을이 주는 매력에 빠지면서 다음 여정을 잊고, 푸른 지중해 바다와 크고 작은 배들이 함께 만들어 내는 풍광에 넋을 잃고 바라보았다. 긴 여행에 지쳐가던 우리에게 이런 보석 같은 마을을 발견하고 즐긴 것은 큰 힘이 되었다.

"계획에 없던 해변 마을 방문이 이번 시칠리아 여행에서 가장 좋았다"라고 하면서 아내는 그 순간을 그리워했다.

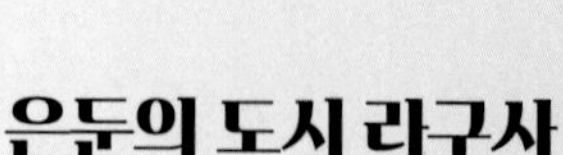

11장 은둔의 도시 라구사

우리는 고속 도로를 벗어나 라구사로 향하는 지방 도로로 진입했다. 무척이나 가파르고 굽이굽이 휘돌아 가는 길이었다. 산속 깊은 곳으로 점점 더 깊숙이 들어가는 느낌을 받았다. 시칠리아를 자동차로 여행하다 보면, 산 중턱을 깎아 만든 험한 낭떠러지 길을 운전할 때가 종종 있는데 그때 산 위 높은 곳에 위태롭게 앉아 있는 마을을 종종 볼 수 있었다. 라구사도 그러한 마을 중 하나로, 고지대에 있는 오래된 도시이다.

오후 3시경, 우리는 라구사에 도착했다. 하지만 그곳에 들어서는 순간, 분위기가 다소 이상함을 느꼈다. 길거리는 예상외로 아주 한산했고, 운행 차량도 거의 보이지 않았다. "도대체 무슨 일이 있은 걸까?" 하는 의문이 들었다. 공영주차장으로 향했는데, 그곳에도 차가 몇 대밖에 없었다. 이상하게도 조용한 날이었다.

주차장에서 나와 처음 마주친 건물은 한눈에 봐도 인상 깊었다. 우체국인 이 건물은 마치 옛 건물인 듯 고풍스럽고 멋스러웠다.

라구사는 꽤 유명한 관광지임에도 불구하고, 사람들이 거의 보이지 않아 이상한 기분이 들었다. 도시 전체가 마치 잠들어 있는 듯했다. 우리는 이 고요한 분위기 속에서 라구사의 거리를 거닐며 평소와는 다른 이 도시의 모습을 경험하기로 했다.

우리가 만난 상점들은 대부분 문이 닫혀 있어, 죽은 도시 같은 적막감이 감돌았다. 주말인 오늘 주민들이 집에서 쉬기 때문에 도시가 조용한 것으로 짐작했다. 시칠리아에도 낮잠 자는 문화가 있는 걸까.

우리는 우선 대성당(Cattedrale di San Giovanni Battista)을 방문하기로 했다. 대성당 안에 들어섰는데, 엄숙하고 경건한 분위기가 우리를 감쌌다. 성당의 내부는 하얀색 톤으로 꾸며져 있었고, 그 간결하고 소박한 장식은 라구사 동네의 분위기와 잘 어울렸다.

대성당 안에서, 특별한 제단화 하나를 발견했다. 그것은 '양들의 목자이신 예수님'을 표현한 제단화였다. 이 제단화는 다른 성당에서는 볼 수 없는 독특한 작품이었다. 잃은 양 하나를 끝까지 찾으시는 예수님! 우리 죄 많은 인간을 구원하신 구세주 예수님! 제단화 아래의 예수님 십자가상 앞에서 예수님이 걸어가신 고난의 길을 묵상했다.

이처럼 우리는 이곳의 신성한 공간에서 내 삶과 신앙을 되돌아볼 수 있는 시간을 잠시나마 가질 수 있어서 매우 행복했다.

성당 종탑에서 보이는 도심 전망이 매우 훌륭하다고 들었는데, 종탑에 오르는 것을 깜빡 잊고 말았다. 성당 내부를 둘러보는 동안 종탑 투어에 대한 안내문을 보지 못했다. 아마도 그날 관광객이 적어서 종탑이 개방되지 않았을 가능성이 높았다.

성당을 나와서 우리 부부는 구도심을 조망할 수 있는 전망대로 향했다. 라구사는 구시가지와 신시가지가 뚜렷하게 구분되어 있으며, 신도시의 끝 지점에 구시가지 전체를 한눈에 바라볼 수 있는 전망대가 자리하고 있다. 그곳까지 가는 상당히 가파른 내리막길에는 역시 우리 부부만 가고 있었다.

마침내 전망대에 도착했을 때, 우리 눈앞에 펼쳐진 구시가지는 자그마한 구릉지 위에 아담하게 자리 잡고 있었다. 주변의 푸른 산과 어우러져 마치 수줍은 시골 아낙네처럼 수수한 아름다움을 자아내고 있었다.

대낮의 햇살 아래, 구도시 건물들은 다소 우중충하게 느껴졌다. 사진과 동영상에서 보았던 아름다운 풍경과는 달리, 흐릿한 파스텔 색조의 구시가지 모습이 눈에 들어왔다. 이유를 알 수 없는 허전함이 나를 사로잡았다. 왜 이런 기분이 들었을까. 비슷한 마을 풍경을 이미 본 탓일까, 혹은 오늘의 무더위와 피로 때문일까, 아니면 공감을 나눌 다른 관광객이 보이지 않아서 그런가.

석양 무렵에 이곳을 방문했다면 넘어가는 햇살이 만들어낸 황금빛 도시를 볼 수 있었을 텐데 방문 시간을 잘못 선택해서 상상했던 멋진 풍광을 보지 못해 무척 아쉬웠다. 여행하면서 시간이나 날씨에 따라 느끼는 감동이나 의미가 달라지는 것을 확실하게 경험했다.

빌라 로마나로 가야하는 일정 때문에 우리는 구도심에 들어가지 않고 전망대에서 보는 것으로 만족했다.

외세의 침략을 자주 받았던 시칠리아 사람들은 방어하기 쉬운 산꼭대기에 마을을 건설하고 살았다. 깊은 산속 험지에서 힘들게 살아야만 했던 시칠리아인들의 삶의 모습이 구도시 전망대를 떠나면서 내 눈앞에 그려졌다.

전망대 근처의 한 성당에서, 한 무리의 사람들이 나오는 게 보였다. 그들은 성당의 결혼식이 끝난 후 밖으로 나와 성당 앞 조그만 광

장에서 사진을 찍고 담소를 나누었다. 이번 이탈리아 여행 중 여러 차례 성당에서의 결혼식을 목격했지만, 이처럼 한적한 곳에서 열리는 결혼식은 처음이었다.

하객들은 모두 멋지게 옷을 차려입었고, 특히 이탈리아 남성들의 패션 감각이 인상적이었다. 그들의 옷차림은 세련되고 멋스러워, 우리는 그들의 패션 스타일에 감탄했다. 그들의 웃음과 환한 표정은 그 자체로도 아름다운 장면이었다.

우리가 전망대에서 주차장으로 돌아가려 할 때, 우리 앞에 매우 긴 오르막길이 기다리고 있었다. 가파른 길을 걸어가는 게 무리라고 판단해 근처 카페에서 담소를 나누고 있는 현지인들에게 도움을 청했다. 두오모 근처 주차장으로 가려는데 택시를 불러 줄 수 있는지 물었다. 그들은 놀란 표정으로 "왜 택시를 부르려고 하나요? 걸어서 10분이면 충분합니다." 라고 대답했다.

그들의 말대로 직선 거리는 그다지 멀지 않았고 아내와 향후 여행에 관해 이런저런 얘기를 하다보니 어느새 주차장에 도착했다.

우리의 다음 목적지는 건물의 바닥 모자이크 작품으로 유명한 빌라 로마나였다. 예약한 오늘의 숙소까지는 빌라 로마나에서 30분을 더 가야 했다. 라구사를 오후 5시에 떠나다 보니 해가 지기 전까지 숙소에 도착하기는 어려울 것 같았다. 이런 고민 중에, 예약한 숙소에서 메시지가 도착했다. 숙소 주인이 갑작스럽게 아파 병원에 가게

되어서 다른 사람이 숙소를 안내할 것이라고 했다. 우리는 예약한 숙소를 포기하고 빌라 로마나 근처의 숙소를 급히 예약했다. 하지만 예약 취소 위약금으로 숙박비의 50%를 지급해야 했다.

빌라 로마나 근처에서 숙박하고 내일 아침에 빌라 로마나를 방문하는 것으로 일정을 변경하니 시간의 여유가 생겼다. 숙소 가는 도중에 만나는 풍경은 너무나 환상적이었다. 우리는 그 아름다운 전망을 즐기려고 중간에 정차하고, 셀카 사진도 찍으며 천천히 자연을 감상하며 숙소 도시인 아르메리나로 갔다.

가는 내내 엄청난 규모의 구릉과 목초지가 어우러져 만드는 대자연의 경치가 끝없이 이어졌다. 넓은 평원을 지나며, 이전에 방문했던 이탈리아 토스카나 지역의 풍경이 이곳의 아름다움과 겹쳐졌다.

이렇게 우리는 빌라 로마나로 가는 길에서 예상치 못한 광활한 아름다움을 만끽했다. 때로는 여행 계획의 변경이 이처럼 놀라운 기쁨을 주기도 하였다.

도중에 나무처럼 높이 자란 선인장으로 가득한 농장을 만났다. 밀밭이나 올리브 농장이 많은 시칠리아 내륙에는 선인장 농장도 가끔 보였다.

12장 감추어진 천년 도시

오늘의 숙소 동네인 피아짜 아르메리나(Piazza Armerina)는 우리에게 생소한 곳이었다.

도심에 들어간 후 숙소 가는 길은 차 한 대가 겨우 지나갈 수 있는 매우 좁은 숲길이었다. 구글맵이 잘못 안내한 것 같았지만 돌아갈 수도 없어 계속 가야 했다. 결국 숙소를 찾지 못하고 길 안내가 끝났다. 길을 잃은 것 같아 황당한 심정이었다. 여러 번의 시행착오 끝에 숙소 주인과 연락이 되어 겨우 찾아갔다.

숙소에 도착했을 때 우리를 반겨 준 것은 멋진 2층 저택, 빌라 클레멘티네(Villa Clementine)였다. 이탈리아에서 정원과 농지가 있는 저택을 일컫는 '빌라'를 경험하게 되었다. 이 멋진 빌라 호텔에서의 첫인상은, 길을 잃은 모든 스트레스를 단번에 잊게 했다.

우리가 도착하자마자 숙소 여주인이 건물 입구까지 나와서 씩씩하

게 환영해 주었다. 숙소 사용에 대한 설명을 자세히 들은 후, 우리는 저녁 식사를 위한 식당 추천을 부탁했다. 주인은 마을 광장으로 가야 하는데, 택시비가 10유로라고 알려 주었다. 택시를 불러 달라고 부탁했더니 자기 차로 우리를 데려다주고 나중에 픽업하는 비용이 10유로라고 했다. 우리는 그녀의 친절한 제안이 고마워 바로 동의했고, 그녀는 우리를 위해 식당까지 예약해 주는 수고를 마다하지 않았다.

식당에 도착했을 때, 종업원은 오늘 만석이라며 문 입구 쪽 테이블로 우리를 안내했다. 처음에는 동양인이라서 차별받는 것이 아닌가 하는 생각에 기분이 언짢았으나, 시간이 지나면서 테이블이 예약 손님으로 가득 차는 것을 보고 내 생각이 너무 예민했음을 깨달았다.

식당 'To To'는 오랜 전통이 느껴지는 이 동네의 맛집이었다. 손님들이 계속 들어와 피자를 픽업해 갔다. 우리는 홍합 꼬제, 해산물 구이, 깔라마리, 와인, 물, 티라미수 아이스크림을 주문했다. 음식 맛은 모두 일품이었고, 유명한 여행지에 있는 식당들보다 훨씬 더 맛있다고 아내도 만족했다. 가성비도 좋았다. 58유로에 이 맛있는 식사를 하다니 너무 기분이 좋았다.

이렇게 우리는 시칠리아 내륙의 작은 마을에서 현지인의 따뜻한 환대와 맛있는 음식을 경험하며 새로운 여행의 재미를 만끽했다.

저녁 식사 후, 우리를 데리러 온 숙소 아주머니의 운전 실력은 대

단했다. 그녀는 낡은 수동 기어 자동차를 능숙하게 조작하며 좁은 언덕길을 거침없이 달려 나갔다. 교차로에서 다른 운전자의 실수에 대해 큰 소리로 불만을 표현하는 모습에서 그녀의 활달한 기질이 드러났다. 열정적이고 활달한 이탈리아 여성의 모습을 경험하면서, 그런 에너지를 우리도 공유하는 기분이 들었다.

Day 6

빌라 로마나 - 아그리젠토

오늘은 오전에 빌라 로마나를 방문해서 유명한 바닥 모자이크 작품을 감상한 후 시칠리아의 유일한 아웃렛 매장을 찾아 쇼핑의 즐거움을 가져 볼 생각이다. 점심은 그곳에서 해결하고 오후에 그리스 유적지로 유명한 아그리젠토(Agrigento)를 방문할 예정이다. 오늘의 숙소는 영화 〈대부〉의 주인공 가족 이름이 유래된 코를레오네(Corleone) 도시 외곽에 있는 농가 호텔이다.

아침 식사는 숙소의 1층 식당에서 은퇴한 독일인 부부와 함께했다. 그들은 시칠리아를 대중교통으로 한 달간 여행하는 중이었다. 이번 이탈리아 여행 중에 은퇴한 유럽인 부부가 여행하는 모습을 종종 봤는데, 은퇴 연금으로 해외여행을 다니는 그들이 부러웠다.

숙소를 떠나기 전, 여주인과 이야기를 나눌 기회가 있었다. 이 건물은 여주인의 증조부로부터 내려온 120년 된 빌라로, 주인이 살면서 빈방을 숙박업으로 운영하는 가정집이었다. 넓은 거실, 부엌, 식탁 등 집안 곳곳에서 오랜 역사가 느껴졌으며, 특히 옛 부엌 시스템을 지금도 사용하는 것이 인상적이었다. 손주 포함해서 가족이 12명이라는데 그 많은 수의 식구가 자주 모여 함께 식사하는 것을 보여주듯, 매우 큰 식탁이 있었다. 가족 중심인 이탈리아 사람들의 생활 모습을 엿볼 수 있어서 유익했다.

여주인은 세 명의 손주 돌보기, 숙박업 운영하기, 아침 준비까지, 참으로 열심히 살아가는 전형적인 이탈리아 여성이었다.

반면에 남편은 조용하고 가만히 앉아 있는 모습이 왠지 답답하기도 하고, 열심히 일하는 아내와 달리 아무 일도 안하는 남편을 보니까 화가 난다고 아내가 말했다. 이탈리아 가정이 여성 중심으로 형성되는 이유를 알 것 같았다.

13장 최상의 모자이크 작품, 빌라 로마나

우리는 숙소에서 차로 10분 거리에 있는 빌라 로마나로 향했다. 9시쯤 주차장에 도착했을 때, 관광버스 한 대만 보이고 주차장은 거의 비어 있었다. 주차비는 4유로였는데, 다소 비싼 편이었다.

관광객이 많을 것으로 예상하고 서둘러 갔는데 의외로 한산했다. 렌터카로 여행하는 우리에게는 이런 한산함이 오히려 좋았다. 매표소까지는 약 500미터의 언덕길을 걸어야 했으며, 기분 좋게도 이날은 6월 첫 번째 일요일이어서 입장료가 무료였다. 이탈리아의 많은 유적지와 박물관이 매월 첫 일요일에 무료입장을 제공한다.

빌라 로마나의 정식 명칭은 '빌라 로마나 델 카살레'이다. 시칠리아 섬 내륙에 있어 접근이 쉽지 않아 대부분 단체 관광버스나 승용차로 방문한다.

이곳은 약 1700년 전 로마 시대에 지어진 저택으로, 바닥을 수놓은 무수한 모자이크 작품들이 전시된 유적지이다. 이렇게 한적한 곳에 호화로운 저택이 왜 있었는지 궁금했는데, 연구에 따르면 이 지역은 아그리젠토와 카타니아를 연결하는 로마 가도가 지나는 상당히 큰 규모의 도시였다고 한다.

기대감을 안고 빌라 로마나 입구에 들어섰을 때, 가장 먼저 우리를 맞이한 것은 빌라에 속해 있는 고대 목욕탕 터 였다. 이 목욕탕은 고대 로마 시대의 생활 양식과 건축 기술을 엿볼 수 있는 중요한 유적이다.

빌라의 본건물로 들어서자 복도 바닥 전체가 기하학적 문양의 모자이크로 장식되어 있다. 아니 어떻게 모든 공간 바닥을 모자이크로 장식했을까? 그 규모에 놀라움을 금치 못했다. 이러한 모자이크는 고대 로마인들의 예술적 감각과 정교한 솜씨를 보여 주는 생생한 증거였다. 그들은 어떻게 이처럼 아름다운 작품을 창조했는지, 관람하는 내내 감탄사가 끊임없이 나왔다.

방과 복도의 바닥 모자이크를 볼 수 있도록 꽤 높게 설치된 덱으로 올라가 안내된 방향으로 관람을 시작했다. 관람 덱은 바닥의 모자이크를 쉽게 내려다볼 수 있는 구조여서 우리는 고대 로마의 화려한 모자이크 예술 작품을 자세히 감상했다. 그 정교한 아름다움에 놀라움을 감출 수 없었다.

빌라 로마나 내부의 방들은 그 당시 용도에 맞게 각기 구분되어 있었다. 방의 벽화는 시간의 흐름에 따라 희미해져 형체를 알아볼 수 없었지만, 바닥의 모자이크 작품들은 그 상태가 매우 잘 보전되어 있었다.

모자이크 작품에서 보이는 세밀함과 정확한 묘사는 마치 회화를 보는 것 같았다. 손톱보다 작은 크기의 돌들을 꿰맞추어 이처럼 완벽한 모자이크 작품을 만든 로마 시대 장인들의 뛰어난 예술성에 탄복했다.

빌라 로마나에 있는 모자이크 중에서 우리의 눈길을 끈 첫 작품은 소녀들이 스포츠 경기를 하는 모습을 묘사한 것이다. 이 작품에서 소녀들이 오늘날의 비키니와 비슷한 옷을 입고 있는 게 매우 인상적이다. 이 복장은 그 당시 소녀들이 입던 운동복이라고 하는데 이러한 패션이 로마 시대 작품에서 나타난다는 점이 신기했다.

이 작품을 보다가 폼페이 유적지에서 본 인간의 나체와 성문화를 묘사한 벽화들이 떠올랐다. 당시 로마 사회에 개방적 성문화가 만연했음을 엿볼 수 있는 작품들이다.

빌라 로마나에서 우리가 가장 주목한 모자이크는 사냥을 주제로 한 대형 작품들이었다. 그중에서도 특히 압도적인 것은 약 50미터 길이의 긴 복도, 'Corridor of the Great Hunt'의 바닥 모자이크였다. 이 작품에서는 당시 로마 귀족들의 동물 사냥과 관련된 다양한 장면들이 자세히 묘사되어 있다.

엄청난 규모의 이 긴 모자이크는 보면 볼수록 말로 형용할 수 없는 감동이 몰려왔다.

그림으로 표현하기조차 어려운 장면들을 2~4㎜ 크기의 다채로운 색깔 돌들을 하나하나 맞추어 이처럼 엄청난 규모의 모자이크 작품을 만든 당시 예술 장인들의 능력은 말로 형용하기 어렵다. 사냥 장면의 각 세부 사항을 이렇게 정교하게 표현한 그들의 솜씨에 경탄을 금치 못했다.

이처럼 화려하고 웅장한 모자이크 작품을 보며, 황제 정도는 되어야 이런 호사를 누렸을 것으로 생각했다.

이 모자이크 작품들을 통해 시칠리아와 지중해를 가로지르는 북아프리카 지역에서 고대 귀족들이 사냥을 즐겼던 역사를 엿볼 수 있다. 이 모자이크에 묘사된 동물들은 주로 아프리카 대륙의 야생 동물인 코끼리, 사자, 멧돼지, 늑대, 악어 등 다양하다. 사냥한 동물들을 북아프리카의 카르타고에서 배를 이용해 로마로 운송하는 장면이 이 작품 안에 잘 묘사되어 있다.

당시 로마의 원형 경기장에서 열린 서커스 공연이나 다양한 행사에 사용하려고 이 동물들을 로마로 가져왔다. 이 작품들은 단순한 예술성을 넘어서, 당시 지중해 지역의 문화 교류와 고대 로마인들의 여가 생활을 이해할 수 있는 중요한 자료이다.

이곳에서 발견한 재미있는 작품 중에는 로마 원형 극장에서 열린 전차 경주를 패러디한 모자이크가 있다. 이 작품에서는 아이들이 말 대신 다양한 새들이 끄는 전차를 몰면서 경주를 벌이는 모습이 담겨 있다.

작품의 상부 오른쪽부터 시계 반대 방향으로 플라밍고, 하얀 거위, 웨이더(다리가 긴 새) 그리고 산비둘기(유럽산)가 등장한다. 더욱 매력적인 부분은, 새들의 목을 사계절을 상징하는 꽃으로 장식한 부분이다. 이러한 상징적인 요소들이 무척 흥미로웠고 상상력과 창의성이 돋보이는 작품이었다.

또한, 그리스-로마 신화를 배경으로 한 모자이크 작품들을 비롯해 다양한 주제로 구성된 모자이크 장식을 감상하였다. 이 신화적인 캐

릭터들과 이야기들을 담은 모자이크 작품은 당시 사람들의 문화적, 종교적 신념과 가치관을 반영한다.

모자이크로 장식된 방들을 지나 우리는 이 저택의 중심인 '바실리카'로 발걸음을 옮겼다. '바실리카'는 왕의 집을 의미하며, 저택에서 가장 높은 위치에 자리 잡고 있다. 이곳은 빌라의 중심지로서 공식적인 업무가 이루어지던 장소였고, 규모가 큰 만큼 필요에 따라 연회장으로도 사용되었다.

바실리카의 바닥은 지중해 전역에

서 수집한 다양한 대리석으로 만들어졌다고 하는데, 현재는 그 일부만이 남아 있다. 이곳의 입구 양쪽에 세워진 두 개의 웅장한 기둥은 이 저택의 옛 영화를 상징적으로 보여 주고 있다.

빌라 로마나의 건물 뒷부분으로 나가자, 집주인 가족이 사용했던 목욕탕을 발견했다. 이 목욕탕은 매우 작은 규모인 것으로 미루어, 급할 때 사용한 공간으로 추측된다.

이 목욕탕에서 조금 떨어진 곳에 건물 잔해처럼 보이는 수도교 일부가 남아 있었다. 이 수도교는 빌라 근처를 흐르는 강에서 이곳 빌라까지 물을 공급하는 시설의 일부였다. 이러한 수도교 잔해는 고대 로마인들의 고도로 발달한 건축 및 공학 기술이 시칠리아까지 보급된 증거이며, 당시 사람들의 삶의 질에 대한 높은 관심을 엿볼 수 있는 중요한 유산이다.

나폴리 고고학 박물관을 방문했을 때, 그곳에 전시된 극세밀한 모자이크 작품들을 보면서 매우 큰 충격을 받았었다. 그런데 빌라 로마나의 대형 모자이크에서 받은 충격은 그 이상이었다. 이곳의 건물 바닥 전체가 모자이크 작품으로 덮여있어 특별한 감동을 주었기 때문이다. 빌라 로마나 방문은 이러한 역사적인 유적들을 통해 고대 로마인들의 생활과 문화를 더욱 실감 나게 이해하는 뜻깊은 경험이었다. 시칠리아를 자유여행 하는 이들에게 이곳을 방문해 보기를 추천하고 싶다.

빌라 로마나의 주인이 정확히 누구였는지는 현재까지 밝혀지지 않았지만, 이와 같은 규모와 화려함을 자랑하는 저택의 주인은 로마 시대의 중앙 권력자였을 것으로 추정된다. 현재 유력한 가설 중 하나는 이 빌라가 로마 제국 말기에 제국을 4등분 하여 지배하던 시기의 한 황제, 막스미안의 아들 막센티우스(Maxentius)의 소유였을 가능성이다. 막센티우스는 기원후 305년에 황제로 즉위했으나, 콘스탄틴 황제와의 밀비우스 다리 전투에서 312년에 사망했다. 이 전투는 콘스탄틴이 로마 제국을 통일하고 기독교를 공인하는 계기가 되었다.

자료에 따르면 빌라 로마나는 12세기에 발생한 화재로 인해 완전히 무너졌다. 남아 있던 석조물들은 주민들이 건축 자재로 쓰기 위해 가져가서 결국 폐허가 되었고, 그 후 발생한 산사태로 완전히 흙 속에 묻혀 버렸다.

17세기 말, 이 근처 농부들이 산기슭에서 땅을 개간하던 중 땅 위로 솟아나 있는 벽의 잔해를 발견하면서 이 유적지가 세상에 알려졌다. 20세기 들어와 정부가 본격적으로 발굴 작업을 시작하기 전에 이미 도굴로 인해 일부 유물이 사라졌다고 한다.

빌라 로마나 방문을 마치고 시칠리아 아웃렛으로 가는 도중에 피아짜 아르메리나 마을의 기막히게 멋진 풍경이 우리를 멈추게 했다.

시야가 탁 트인 전망 포인트에서 바라보는 도시 경관은 어제 방문했던 라구사와 매우 닮아 있었지만, 이곳에서는 도시 모습을 좀 더 자세히 볼 수 있어 우리에겐 더 좋았다.

이곳 피아짜 아르메리나는 약 1,000년 전, 노르만 세력이 시칠리아를 지배했을 때 건설된 도시로, 그 역사의 깊이가 느껴졌다. 시칠리아에는 이처럼 숨겨진 옛 도시들이 많아 여행자의 발길을 즐겁게 만든다. 마을마다 독특한 역사와 풍경을 가지고 있어, 시칠리아를 여행하는 것은 마치 오래전 과거로 여행을 떠나는 기분이었다.

오전 11시경, 우리는 시칠리아의 유일한 아웃렛 쇼핑몰 'Sicilia Outlet Village'로 향했다. 그날 낮 기온은 섭씨 30도를 넘어 매우 더

웠다. 아웃렛으로 가는 길이 예상보다 훨씬 멀어서, 12시가 지나서야 도착했다. 일요일이었기 때문에 현지인 쇼핑객들로 붐볐고, 주차장도 만석이어서 멀리 주차해야 했다.

아웃렛 안은 덥고 사람들로 붐벼서 쇼핑에 대한 의욕이 뚝 떨어졌다. 아웃렛에는 볼 만한 명품 상점은 소수였고, 주로 스포츠 의류와 운동화 상점들이 많았다. 무엇보다 가격이 생각했던 것보다 비쌌다. 결국 시간만 낭비했다는 생각이 들어 일찍 나와 아그리젠토로 출발했다.

점심은 고속 도로 휴게소에서 간단히 해결했다. 동양인이 우리뿐이어서인지 다른 손님들의 시선이 따갑게 느껴졌다. 중부 내륙 지역을 여행하는 동안에 렌터카로 여행하는 동양인을 만난 기억이 없었다.

아그리젠토로 가는 고속 도로에서 공사로 인한 우회 안내가 있었지만, 구글맵은 공사 상황을 반영하지 못하고 같은 길을 계속 반복해서 가라고 안내했다. 우리는 길을 잃고 헤매다가 겨우 길을 찾았지만, 이번에는 고속 도로 출구를 지나쳤다. 갑자기 거리가 30km나 늘어나는 황당한 상황이 발생했다.

이날의 여정은 여러 가지 예상치 못한 상황들로 인해 다소 힘들었지만 이 또한 여행의 잊지 못할 추억이라고 스스로 위로했다.

14장

신전들의 계곡 아그리젠토

우여곡절 끝에, 우리는 오후 4시 30분경 아그리젠토의 '신전들의 계곡'에 도착했다. 이 유명한 관광지의 주차장 시설은 형편없이 부족했고, 포장되지 않은 흙바닥에 주차하라는 주차요원의 안내는 우리를 무척 당황케 했다. 유명 관광지임에도 불구하고 관광 인프라 수준이 형편없는 사실에 놀라움을 금치 못했다. 더군다나 주차 요금으로 3유로를 받는 것이 이해하기 어려웠다.

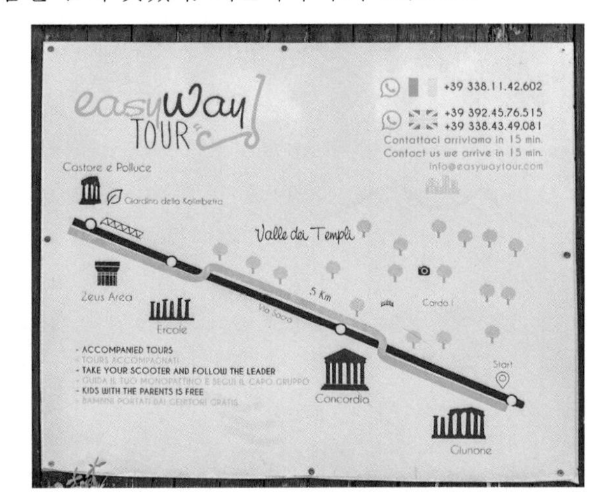

그런데 이날이 6월 첫 번째 일요일이어서 입장료가 면제되는 작은 기쁨을 누릴 수 있었다. 이 무료입장은 여행의 불편함을 다소

상쇄해 주는 즐거움이었다. '신전들의 계곡' 방문은 고대 그리스 문명의 위대한 유산을 가까이에서 체험할 기회이므로 힘차게 입장했다.

우리가 처음 마주한 건물은 헤라 신전이었다. 이 신전은 신성한 결혼을 관장하는 헤라 여신을 위해 기원전 450년경에 지어진 도리아식 건축물로, 그 옛날의 장엄함을 엿볼 수 있었다. 하지만 기둥을 제외한 대부분 구조물이 훼손되었다는 점이 안타까웠다.

헤라 신전의 파손은 여러 역사적 사건에 의해 발생했다. 초기에는 이교도의 신을 모시는 신전이라는 이유로 기독교인들에 의해 파괴되었으며, 중세에 발생한 큰 지진으로 인해 추가적인 손상을 입어 오늘날의 모습으로 남게 되었다고 한다.

헤라 신전을 둘러본 후, 우리는 콘코르디아 신전으로 향하는 도중에 여러 전망 포인트를 지나갔다.

자동차 도로에서 이 '신전들의 계곡'을 바라볼 때, '계곡'이라는 이름과는 달리 이곳이 상당히 높은 곳에 있음을 알 수 있다. 이곳에서는 아그리젠토 주변의 탁 트인 경관을 감상할 수 있어 고대 그리스 문명의 유적을 둘러보는 것뿐만 아니라 자연의 아름다움도 함께 즐길 수 있었다.

콘코르디아 신전으로 향하는 길의 왼쪽에는 고대 그리스 식민지 시절의 옛 주거지가 여기저기 남아 있었다. 현재는 흙집으로 보이는 이 잔해들이 과거에 얼마나 멋진 주택이었을지를 상상해 보았다. 벽돌로 쌓은 건물 일부도 남아 있어 이 지역이 로마 시대에도 주거지로 사용되었음을 암시했다.

공원 안에는 휴게소가 운영되고 있어 더위에 지친 방문객들에게 휴식을 취할 수 있는 공간을 제공했다. 우리도 이곳에서 잠시 머물면서 고대 그리스 문화의 장엄한 유산을 감상하고 재충전할 수 있었다.

마침내 우리의 시야에 콘코르디아 신전이 들어왔다. 헤라 신전보다 훨씬 큰 규모였으며, 거의 파손되지 않은 상태로 그 원형을 잘 유지하고 있었다. 아테네의 파르테논 신전과 비교하기에는 다소 미치지 못하지만, 원형이 잘 보존된 덕분에 문화적 가치가 매우 크다고 한다.

기원전 450년경에 세워진 이 건축물이 지금까지 잘 보전된 것에 대해 감탄했다. 한국의 건축물 대부분이 목재로 지어져 화재 등의 이유로 많이 유실된 것과 달리, 시칠리아는 이처럼 오래된 유적을 만날 기회가 많다는 점이 매력이다.

고대 그리스 유적을 보기 위해서는 그리스를 방문하는 것보다 시칠리아를 방문하는 것이 더 좋다는 얘기가 맞는 것 같았다. 시칠리아에는 콘코르디아 신전 외에도 타오르미나의 원형 극장, 시라쿠사 고고학 공원에 있는 대형 원형 극장과 내일 방문할 세제스타의 신전 등 많은 그리스 유적이 존재한다.

콘코르디아 신전 앞에 있는 대형 청동 인물 조각은 많은 관광객의 주목을 받고 있었다. 이 현대 조각품은 포토 존으로서의 역할을 톡톡히 해내며, 신전과 함께 사진을 찍으려는 사람들로 붐볐다. 우리는 조금 떨어진 곳에서 포즈를 잡고 청동상과 신전을 함께 담아 사진을

찍었는데, 꽤 만족스러웠다. 청동상을 뒤에서 보면 날개가 부러져 지상으로 추락한 신의 모습처럼 보인다. 이 청동상은 고대와 현대의 예술이 어우러진 아그리젠토의 상징적인 장소로 자리매김하였다.

'신전들의 계곡' 주차장을 빠져나오는 데 상당한 시간이 소요되었다. 주차비 정산을 위한 기계 시스템이 없고 카드 결제도 안 되고 오직 현금만 받았다. 이렇게 유명한 관광 유적지에 기본적인 인프라와 시스템이 없다는 사실에 매우 답답함을 느꼈다.

숙소가 있는 코를레오네로 가는 길도 쉽지 않았다. 일요일 저녁이어서 집으로 돌아가는 현지인들의 차량 행렬로 인해 아그리젠토를 벗어나는 데 오랜 시간이 걸렸다.

차량으로 인해 도로가 꽉 막힌 가운데 무심코 앞을 바라보았더니 헤라 신전이 언덕 위에 우뚝 서 있는 게 보였다. 이 멋진 광경은 그날의 여정에서 겪은 어려움을 잠시 잊게 했다.

당초에 여행 일정을 짜면서 아그리젠토의 신전들의 계곡을 방문한 후 아그리젠토 외곽에서 숙박할 계획이었다. 그런데 여행 중에 코를레오네 도시에 대한 궁금증이 생겼고, 이곳이 다음 날 방문할 세제스타(Segesta) 고고학 공원과도 가까워 코를레오네 외곽에 있는 농가 숙소로 변경했다.

해가 질 무렵, 시칠리아 중부 지역을 드라이브하는 것은 마치 환상의 세계에 온 듯했다. 구릉지대를 따라 밀밭과 초원이 끝없이 이어지는 풍경은 운전의 피로를 말끔히 씻어 주었다. 보랏빛 야생화로 뒤덮인 벌판은 그 자체로 황홀한 장관이었다.

이 풍경은 몇 년 전 방문했던 아이슬란드의 야생화 풍경과 매우 닮아 있었다. 이러한 장엄한 자연의 아름다움은 렌터카 여행에서만 얻을 수 있는 특별한 경험으로, 이 순간이 여행의 가장 아름다운 추억의 하나로 기억되었다.

코를레오네에 도착했지만, 숙소 건물을 찾기 어려웠다. 길을 찾느라 길에서 멈춰 섰더니, 우리 뒤에 오던 차량의 기사가 내려 우리에게 다가와 어디를 찾고 있느냐고 물었다. 숙소 이름을 말하자, 그는 이 골목이 아니라 후진해서 내려간 뒤 왼쪽으로 가야 한다고 친절하게 설명해 주고는 안심이 안 되는지 자신의 차를 따라오라고 했다. 정말 고마웠다. 이미 어두워지고 있어서 숙소를 못 찾으면 큰 낭패였는데 그분 덕분에 무사히 숙소를 찾아갔다.

그들의 도움으로 숙소 근처에 도착했지만, 철문이 닫혀 있어서 주인과 통화한 후에야 들어갈 수 있었다. 문을 지나서도 숲길을 약 1km 들어가서야 숙소에 도착할 수 있었다. 깊은 숲속에 자리 잡은, 오래된 크고 높은 건물은 인상적이었다.

간혹 예상치 못한 장소에서 갖는 숙박이 새로운 모험과 이야기를 만들어 낸다. 이곳에서의 하룻밤도 이번 여행에 어떠한 경험을 선사할지 기대가 되었다.

숙소에 도착했을 때 눈에 띄었던 큰 건물은 과거 마구간으로 사용되었던 오래된 건물인데 이를 리모델링해서 사무실과 식당으로

활용하고 있었다. 내부에 들어서자, 예전에 이곳 주인이 사용했던 마차와 마구들이 전시되어 있어 눈길을 끌었다. 이러한 전시품들은 과거와 현재를 이어주는 재미있는 이야기를 들려주는 듯했다.

이처럼 전혀 기대하지 않았던 장소에서 새롭고 신기한 경험을 하는 것은 자유여행의 묘미다.

숙소의 주인은 매우 친절한 젊은이였다. 우리가 시간 부족으로 저녁을 먹지 못했다고 말하자, 그는 우리에게 요기할 것을 주겠다고 했다. 그의 배려 덕분에 빵과 바나나를 얻어 아쉬운 대로 시장기를 면했다.

우리가 머물 숙소는 주 건물에서 조금 떨어진 곳에 있어서 차로 이동해야 했다. 숙소 건물은 아담하고 운치가 있어 마음에 들었다.

그날 밤, 우리 외에 다른 숙박객은 보이지 않았다. 앞으로 한식을 먹을 기회가 없을 것 같아 이날 밤에 먹기로 했다. 한국에서 가져온 라면과 햇반을 전기포트에 끓여 산속 야외에서 먹으니 꼭 캠핑온 것 같았다.

밤이 깊어지며 숲속 기온이 많이 떨어졌지만 숙소에 갖춰진 전기 히터 덕분에 따뜻한 밤을 보낼 수 있었다.

Day 7

코릴레오네
-
세제스타
-
에리체

오늘의 여정은 그리스 유적지 세제스타(Segesta) 고고학 공원을 방문한 후, 트라파니 근처 높은 지대에 있는 아름다운 동네 에리체(Erice)를 방문하고 그곳에서 숙박하는 일정이다. 세제스타는 아그리젠토와 더불어 그리스 유적지로 유명한 곳이다.

숙소에서의 아침 식사는 비스킷, 커피, 사과로 간단했다. 이탈리아 사람들이 아침을 거의 먹지 않는다는 사실을 알고 있었지만, 이곳은 숙소 시설에 비해 아침 식사가 부족했다.

15장 마피아 동네, 코를레오네

숙소에서 코를레오네 동네로 내려가는 길에는 이름 모를 빨간 야생화가 활짝 피어 있었다. 양귀비처럼 보이기도 했지만, 꽃이 작아 단순한 야생화로 생각했다. 우연히 마주친 자연의 아름다움이 오늘 여행길에 생기를 불어넣었다.

산속 숙소를 벗어나고 한참을 내려오다 코를레오네 동네가 한눈에 내려다보이는 전망 좋은 곳을 발견했다. 이곳에 차를 세우고 주변을 둘러보니 깔끔하고 목가적인 동네의 모습이 눈에 들어왔다. 특히 전망대 한편에는 철골 십자가가 돌무덤에 박혀 있는 독특한 장면을 목격했다. 오늘 여행의 또 다른 흥미로운 발견이었다.

코를레오네의 평화롭고 아름다운 풍경은 이 지역의 매력을 느끼기에 충분했으며, 비록 짧은 시간 머문 동네이지만 이번 시칠리아 여행의 소중한 순간으로 기억되었다.

코를레오네는 팔레르모에서 자동차로 약 1시간 거리에 있는 조용한 소도시다. 20세기 초반부터 유명한 마피아를 배출한 도시로 알려진 이곳은 마리오 푸조의 소설 및 프랜시스 포드 코폴라 감독의 영화 〈대부〉에서 주인공 일가의 성씨가 이 마을에서 유래했다는 사실로 유명하다. 영화 〈대부〉의 촬영지를 물색하면서 초기에 이 도시가 촬영지로 검토되었으나, 이미 도시화가 진행된 탓에 사용되지는 못했다.

코를레오네에는 마피아 박물관이 있다고 들었으나, 빠듯한 일정으로 인해 방문하지 못한 것이 아쉬웠다. 우리가 코를레오네 도심을 지

나갈 때 비가 내리기 시작했다. 스쳐 지나가는 비라고 생각했는데 이 비가 오늘 종일 내렸다.

세제스타로 가는 길은 꼬불꼬불한 1차선 도로를 따라 드넓은 구릉지와 산지를 지나는 구간으로 이루어져 있었다. 이슬비가 내리는 고요한 분위기와 잘 어울려 환상적인 풍광을 자아냈다. 한적한 이 길을 달리며 쓸쓸하다는 생각이 들곤 했는데, 가끔 마주치는 차량이 무척 반가웠다.

도로 양편에는 이름 모를 야생화들이 피어 있어, 아름다운 목가적 풍경을 연출했다. 흰색, 노란색, 빨간색의 야생화가 끝없이 펼쳐진 풍경은 장관이었다. 누렇게 익어 가는 밀밭 그리고 초록색의 포도나무와 올리브 나무가 어우러져 한 폭의 그림으로 다가왔다. 나지막한 언덕과 들판이 만들어 낸 곡선과 자연의 색채가 조화롭게 어우러지며 감탄을 자아냈다.

이러한 장관을 하늘에서 드론으로 촬영한다면 얼마나 멋있을까를 상상하며 이 아름다운 풍경을 내 눈으로 직접 볼 수 있어서 감사했다. 사진으로는 온전히 담을 수 없는 자연의 아름다움을 새롭게 깨달았다.

오락가락하던 비가 이제는 제법 굵어졌다. 벌판을 가로지르는 도로는 비로 인해 웅덩이가 깊게 파여 있었고, 1차선 좁은 도로는 운전에 많은 신경을 쓰게 만들었다. 비가 쏟아지는 허허벌판에서 도로 위를 달리는 차량은 우리 차량뿐이었다. 이런 상황은 말로 표현하기 어려운 독특한 기분을 들게했다. 아내는 비 오는 날 차창 밖의 풍경이 얼마나 멋있는지 이야기하며, 이런 상황을 즐기는 모습이었다.

세제스트로 가는 도중에 우뚝 솟은 바위산과 그 앞에 형성된 마을이 가끔 보였다. 이는 외세의 침입을 피해 내륙으로 들어와 살아야 했던 시칠리아인들의 아픔을 반영하는 듯하다. 그러나 지금은 여행자의 관점에서 이러한 마을들이 아름답게 느껴져 방문하고 싶은 곳으로 변하고 있다.

오후 1시에 세제스타 고고학 공원에 도착했지만, 가랑비가 소나기로 바뀌어 차량 밖으로 나가기 어려운 상황이었다. 구경은 잠시 미루고 근처 마을 칼라타피미-세제스타(Calatafimi-Segesta)로 점심을 해결하러 갔다. 작고 아담한 마을이었지만 사람이나 자동차를 거의 볼 수 없었다. 구글맵에서 영업 중으로 안내하는 식당들을 찾아 갔으나 모두 문을 닫아서 낭패였다. 결국 30분을 우왕좌왕하다가 문을 연 피자 가게를 겨우 찾아냈지만 영업 종료 직전이었다.

식은 피자와 햄샌드위치만 구할 수 있었다. 추운 날씨에 차 안에서 먹어야 하는 슬픈 상황이었지만, 안초비 피자는 의외로 맛있었다. 비오는 날 차 안에서 식사하는 것은 이번 여행에서 처음이자 마지막 경험이었다. 시골 마을 식당들은 손님이 없으면 일찍 문을 닫으므로 식사를 놓칠 수도 있는 점을 경험하며 새로운 여행 팁을 얻었다.

세제스타 고고학 공원으로 돌아왔지만, 여전히 비가 내려 차에서 내릴 수 없었다. 3시경에는 더 많은 비가 예보되어 있어 아쉽지만, 세제스타 방문은 내일 아침으로 미루고 에리체로 향했다. 돌아서기 아쉬운 마음에 멀리서나마 공원에 보이는 신전 건물을 사진에 담았다.

16장 중세 시대의 모습 에리체

에리체로 가는 길은 오르막길과 S자 커브길 그리고 핀(Pin) 커브길이 연속되는 위험한 구간이었다. 한쪽은 산이고, 다른 쪽은 바닷가 낭떠러지가 있는 길은 짜릿한 긴장감을 주었다. 에리체는 해발 750m의 고산 마을로, 외딴 지리적 특성으로 옛 모습을 잘 보존하고 있어 관광객에게 인기가 많다.

마을에 도착했지만, 가랑비가 갑자기 세찬 소나기로 변해 폭우가 쏟아졌다. 이곳에서는 외지인이 마을 안으로 차를 몰고 들어갈 수 없어 숙소 주인에게 10유로의 픽업 서비스를 부탁했다. 숙소 주인이 알려 준 주차장을 찾았지만 그곳은 텅 빈 풀밭에 낡은 승용차 한 대만 있어서 좀 불안한 느낌이 들었다.

에리체 동네 주 광장으로 가 보기로 했다. 숙소 주인에게 연락을 취했더니 광장 주차장으로 우리를 찾아왔다. 숙소 주인 차를 따라갔더니 조금 전에 갔었던 그 이상한 장소에 도착했다. 자기 땅이라서 숙소 고객 차만 주차하는 곳이라고 했다.

숙소 주인은 폐차 직전의 낡은 소형차에 우리 부부와 짐을 쑤셔 넣더니 능숙하게 운전해 숙소로 데려다주었다.

에리체에 있는 숙소 '레지던스 산 마르티노'는 아담하고 아늑한 분위기로 우리를 맞이했다. 대문을 들어서자마자 잘 꾸며진 중정이 보였고, 건물 외관과는 달리 내부는 매우 매력적이었다. 숙소 주인은 자신이 운영하는 다른 두 곳의 영업장에 대해서도 자랑스럽게 얘기했다. 숙소 사용에 관한 설명을 마친 후, 주인은 다음 날 아침에 다시 만나자며 서둘러 자리를 떠났다.

숙소에서 흥미로운 발견을 했다. 전등을 포함한 모든 전기 기기를 사용하기 위해서는 열쇠를 특정 장치에 넣고 돌려야 했다. 이는 일반 호텔에서 볼 수 있는 전원 연결용 카드키 시스템과는 달랐다. 여행 중 새로운 곳에서 겪게 되는 독특한 생활 방식과 시스템을 경험할 수 있었다.

숙소에 짐을 푼 후, 오후 4시 30분경 동네 구경을 하기 위해 숙소를 나섰다. 에리체는 규모가 작아 길을 잃을 걱정이 없었다. 마을에는 버스 정거장이 있는 광장의 문을 통과하여 언덕길을 따라 마을 안으로 이어지는 메인 거리가 있다. 이 길은 메인 거리라고 부르기에는 좁은 골목길에 불과했지만, 그 좁음이 오히려 예스러움을 더해 주는 이 동네만의 매력을 만들어 냈다.

이 작은 도시의 골목길을 걷는 것은 마치 시간이 멈춘 듯한 느낌을 주었다. 고요하고 평화로운 분위기는 여행의 피로를 잊게 해 주고, 일상의 번잡함에서 벗어나 잠시 동안 세상의 소음으로부터 멀어지게 했다.

에리체의 골목길 바닥은 다른 마을들에서 보지 못한 독특한 형태

Specialità
Pane
Cunzato
Taglieri

의 도형으로 포장되어 있다. 작은 돌들을 꿰맞추어 네모 형태를 이어간 돌길이 이 마을의 운치를 더해 주었다. 오랜 세월의 흔적으로 인해 매끄럽게 다듬어졌지만 걷기에 전혀 불편하지 않았다.

날씨가 개어 우산을 숙소에 두고 나왔는데, 비가 갑자기 내리기 시작했다. 우산을 구하려고 잡화점 같은 가게를 찾았지만 워낙 작은 동네라서 변변한 잡화점도 없었고 오늘 이곳에 비가 종일 오다 보니 우산이 동나고 없었다. 다행히 빗줄기가 가늘어져 우산 없이 다닐 수 있었다.

에리체의 대표 상징 건물인 두오모 성당과 종탑을 방문하기로 했다. 버스 광장 방향으로 메인 거리를 내려가다가 안내 표지판을 만나 우측 골목길로 들어서면 두오모가 보였다. 사진이나 동영상으로

보았던 두오모와 종탑은 거칠고 삭막해 보였는데, 실제 모습은 매우 고풍스럽고 정숙했다. 성당 앞에 펼쳐진 광장은 주변 건물과 잘 어우러져 멋진 풍경을 선사했다.

우리는 본당보다 종탑에 관심이 있어서 입장료 2.5유로를 내고 종탑으로 올라갔다. 종탑 꼭대기에서 바라본 비가 갠 후의 경치는 정말 일품이었다.

아래 보이는 트레파니 도시는 마치 손에 잡힐 듯 가까이 다가왔다. 트레파니부터 이곳까지 운행하는 케이블카도 보였다. 렌터카를 이용하지 않을 경우, 트레파니까지 기차나 버스로 와서 케이블카를 이용하는 것이 좋을 듯하다. 트레파니 지역의 유명한 염전도 멀리 보였다.

일정상 트레파니를 방문 못 하는 대신, 멋진 경치를 보며 위안을 삼았다.

문득 앞바다에 있는 작은 섬들이 궁금해졌다. 시칠리아 근처 작은 섬 중에 화산섬이 있다고 들었는데, 그곳인가?

종탑에서 에리체 마을 안쪽을 바라보았을 때 넓은 농장과 들판이 동네 아래 펼쳐져 있었다. 마을의 지붕은 밝은 주황색 기와가 아닌, 빛바랜, 오래된 기와였다. 이러한 모습은 이탈리아 토스카나 지방에서 본 광경과 유사했다. 이 마을의 조용하고 평온한 분위기는 토스카나의 카톨릭 성지 도시 아시시를 연상시켰다.

그때 갑자기 종탑의 종들이 울리기 시작했다. 옥탑에 있는 5개의 종이 약 30초 간격으로 울렸는데, 그 소리가 얼마나 큰지 귀가 아플 지경이었고, 그 강렬함에 무서움까지 느꼈다.

이곳에서 호주에서 온 여행자를 만나 이야기를 나누었다. 이탈리아에서 만난 사람들은 보통 우리의 국적을 물었고, 한국(Korea)이라고 대답하면 북한인지 남한인지를 묻곤 했다. 하지만 이 호주인 여행자는 한국을 잘 알고 있었고, 사업으로 여러 번 한국을 방문했다면서 우리에게 친근감을 보여 주었다.

에리체의 종탑을 방문한 후 내려오는 계단은 매우 좁고 가파른 구조였다. 여행 중에 넘어져 다칠 수도 있어 조심스럽게 한 계단씩 내려왔다.

에리체의 성당 안으로 들어갔을 때, 외부의 우중충한 인상과는 달리 내부는 밝고 하얀 톤으로 꾸며져 있었다. 이 공간의 경건한 느낌이 좋아서 잠시 앉아 지난 여행을 돌아보며 휴식을 취했다.

에리체의 여러 성당을 방문할 수 있는 통합 티켓을 이용할 수 있었지만, 날씨가 춥고 저녁 식당도 찾아야 했기 때문에 더 이상 성당 탐방은 하지 않기로 했다.

골목길을 걷다가 아내가 발견한 카펫 가게에 들어갔다. 가게 주인이 얇게 만든 천으로 직접 카펫을 만들고 있었는데 아내는 그 색상과 도안이 너무 예쁘다고 무척 감탄했다. 아내는 그 카펫에 매료되어 구매하고 싶어 했지만, 여행의 남은 일정과 부피 문제로 구매를 포기하고 나왔다. 가게 주인이 친절히 설명해 주었는데 그냥 나와서 미안했다.

그 시간 에리체 마을에 있는 식당 대부분은 이미 영업을 마친 상태였다. 단체 관광객들은 이미 떠났고, 개별 관광객이 적어 대부분의 식당이 문을 닫았다는 것을 알았다. 결국 문 닫기 직전인 식료품 가게에서 과일과 간단한 음료수를 구매해 숙소에서 먹기로 했다.

우리가 동네를 한 바퀴 돌아보는 데 1시간이면 충분했지만, 제대로 구경하려면 최소 2시간은 필요하다는 생각이 들었다. 메인 도로를 따라 끝까지 올라가니 넓은 광장이 나타났고, 광장 왼편에 깃발이 걸린 시청 건물이 보였다.

에리체 방문 시 반드시 들러봐야 한다는 '마리아 할머니 제과점(Pasticceria Maria Grammatico)'을 찾아갔다. 이곳은 수녀원에서 수녀들이 만들던 전통 과자를 전승한 할머니가 시작한 베이커리 카페로, 시간이 흐르면서 입소문을 타고 유명해졌다. 여러 과일 모양의 디저트는 진짜 과일같이 정교하고 색감도 예뻐 감탄이 절로 나왔다.

숙소 바로 앞에 있는 아주 작은 광장을 잠시 둘러보았다. 숙소 앞의 호젓한 골목길은 매력적이어서 사진으로 남겼다. 건물 외벽을 빛바랜 사진으로 문처럼 장식한 창의적인 아이디어가 돋보였다. 이 마을의 수호성인인 듯한 분의 동상도 광장 한쪽에 자리하고 있었다. 이 작은 광장에서 우리는 에리체 마을의 평화로운 분위기를 충분히 느낄 수 있었다.

저녁은 숙소에 있는 부엌을 활용해 간단히 준비했다. 메뉴는 라면과 햇반으로, 식단은 간소했지만, 우리에게는 더할 나위 없이 만족스러운 저녁이었다. '시장이 반찬'이라는 말처럼 간단한 식사지만 여행의 피로를 달래기에 충분했다.

Day 8

세제스타 - 팔레르모

오늘의 여정은 어제 비로 인해 방문하지 못했던 세제스타 고고학 공원을 방문한 후, 팔레르모 국제공항으로 이동하여 렌터카를 반납한 후, 버스를 이용해 팔레르모 숙소에 갈 계획이다.

아침 식사는 숙소에서 제공된 쿠폰을 사용할 수 있는 근처 카페로 갔는데 그곳이 어제 방문했던 '마리아 할머니' 가게였다. 숙소에서 준 쿠폰으로는 크루아상과 커피만 제공되었고, 양도 적어 아침을 먹은 것 같지도 않았다.

에리체에서 내려가는 길에 보이는 트레파니의 전경은 마치 비행기에서 내려다보는 듯했다. 길이 좁아 차를 세울 수 없어 사진으로 남기지 못한 것이 아쉬웠다.

17장 고대 그리스 유적지 세제스타

에리체에서 약 한 시간 운전한 끝에 세제스타 고고학 공원에 도착했다. 이른 시간 덕분에 주차 공간을 쉽게 찾을 수 있었다. 6유로의 입장료를 내고, 9시 반 개장에 맞춰 공원 안으로 들어갔다.

이곳은 그리스 시대의 역사와 문화가 깊이 묻어 있는 곳으로, 아그리젠토와 함께 시칠리아의 대표적 고대 유적지이다.

원형 극장이 있는 고지대까지 가기 위해 2.5유로를 추가로 내고 버스를 이용했다. 버스가 굽이치는 길을 따라 올라가면서 멀리 유적지가 보이기 시작했다. 트레킹을 즐기는 사람들도 가끔 보였다. 정상 근처에서 버스가 정차하고 운전기사가 뭐라고 얘기하는데 우리가 이탈리아어를 이해할 수 없으니, 함께 타고온 사람들 뒤를 따라가는 수밖에.

약 10분 걸어서 그리스 원형 극장에 도착했다. 이 극장의 크기는 상당히 커서, 당시 이 지역의 인구가 상당했음을 짐작할 수 있었다. 수천 년이 지났음에도 불구하고 극장은 잘 보존되어 있었고, 잘 포장된 바닥은 지금도 음악회나 다른 행사가 열릴 수 있음을 시사했다. 이곳은 과거 그리스 사람들의 문화와 예술을 즐기던 삶을 엿볼 수 있는 곳이다.

이곳은 아직 관광지화가 덜 진행된 탓인지 원형 극장의 객석이 원형을 그대로 유지하고 있었다. 시라쿠사 고고학 공원에서 보았던 원형 극장은 현대적 활용을 위해 변신 중이어서 안타까웠는데, 이곳은 규모는 작지만 원래 모습을 간직하고 있어 훨씬 운치가 있어 좋았다.

원형 극장 관중석을 걷다보니 등받이가 남아 있는 돌의자들이 눈에 띄었다. 이 의자들은 하나의 돌을 가공하여 만들어진 것으로 보였고, 자연의 지형과 바위를 있는 그대로 활용한 고대 사람들의 기술이 돋보였다. 특히 하나의 산을 깎아 들어가면서 이 큰 극장을 만든 당시 건축가의 창의성과 기술력에 감탄하지 않을 수 없었다.

이곳 원형 극장에서 바라본 경관 역시 매우 인상적이었다. 탁 트인 시야에 지중해 바다가 멀리 보였고, 앞에 펼쳐진 구릉 지대를 가로질러 달리는 고속 도로는 이 멋진 풍경에 독특함을 더했다. 구릉이 많은 내륙 지역에 건설된 시칠리아의 고속 도로는 교량이 정말 많았다. 대부분의 고속 도로는 편도 2차선에 최고 시속 90㎞로 제한되어 있었지만, 차량이 많지 않아서 이동하는 데 어려움은 없었다.

원형 극장 주변에는 딱히 볼거리는 많지 않아서 버스가 정차했던 곳으로 돌아오는 길에 유적지의 흔적을 조금 볼 수 있었다. 이 흔적들이 있는 장소에는 건물의 형체는 없고 돌무더기만 일부 남아 있었다. 단지 입간판을 통해 그곳에 역사적으로 중요한 기능을 수행한 건물이 있었고, 이 지역이 상당히 번성했던 도시였음을 알 수 있었다.

버스 타는 장소 근처에서 유적 발굴 작업이 한창 진행 중이었다. 이곳이 과거 큰 도시였음에도 불구하고, 현재까지 발굴되어 일반에 공개된 곳은 조금 전에 방문한 원형 극장과 공원 입구에 있는 신전뿐이었다. 따라서 이 지역에 아직 발굴해야 할 유적이 많이 남아 있음을 시사했다.

공원 초입에 있는 신전 건물을 방문했다. 그 보존 상태는 상당히 좋아 보였다. 아그리젠토 고고학 공원에서 본 콘코르디아 신전과 비슷한 규모였으며, 어떤 면에서는 더 정교하고 선명해 보였다. 우리는 천천히 주변 경관을 감상하면서 사진도 찍고, 신전의 내외부도 자세히 둘러보았다.

그때 공원에서 뜻밖의 만남이 있었다. 우리 부부가 셀카를 찍는 모습이 두 여성 관광객의 눈에 띄었나 보다. 그들이 우리 부부의 모습을 사진으로 찍고 싶다고 요청하길래 무슨 의미인지 몰라서 당황했다. 셀카를 열심히 찍고 있는 우리의 모습이 너무 예뻐서 자신들의 앨범에 간직하고 싶다는 그들의 설명을 듣고서야 기분 좋게 응하였다.

이야기를 나누던 중, 우리가 한국에서 왔다고 말하니까 자기네는 벨기에 브뤼셀에서 왔다면서 대뜸 젊은 성악가 Mr.Kim을 아느냐고 물어 왔다. 우리가 알 리가 없어서 모른다고 했더니 며칠 전에 벨기에 브뤼셀에서 개최된 음악콩쿠르에서 한국의 젊은 남성 성악가가 우승했다고 알려 주었다. 그의 환상적인 보이스를 입에 침이 마르도록 칭찬하던 그들의 표정에서 한국 사람에 대한 깊은 애정을 느낄 수 있었다.

자료를 찾아보니 22살의 바리톤 김태한 성악가가 지난 6월 벨기에서 열린 왕실 주최 퀸 엘리자베스 콩쿠르 성악 부문에 출전해 1988년 성악 부문 신설 이후 아시아권 남성 성악가로 최초로 우승하였다. 우리는 세계 무대에서 두각을 나타내는 한국의 젊은이가 자랑스러웠다.

점심은 공원 입구의 카페테리아에서 간단한 샌드위치로 해결했다. 의외로 맛있는 음식에 만족했다. 주차장으로 가는 길에 잔인하리만치 가지치기를 당한 나무를 발견했는데 새롭게 움트는 가지를 보며 생명의 위대함을 느꼈다.

18장 팔레르모 첫 만남

팔레르모로 가는 길은 그 명성에 걸맞게 아름다운 모습을 보여 주었다. 낭떠러지 길을 따라 굽이치는 산길을 돌 때마다 새로운 광경이 펼쳐졌고, 특히 팔레르모 공항에 가까워지면서 보였던 절벽산(필자가 명명한 산 이름)은 그 자체로 장관이었다.

팔레르모 국제공항(팔코네-보르셀리노 공항)의 규모는 비교적 작았다. 안내판이 뚜렷하지 않아 렌터카 반납 장소를 찾기 위해 공항 주변을 두 바퀴나 돌았다. 반납 절차는 예상보다 간단했는데, 차량 점검 없이 바로 반납하고 가라고 했다. 풀 커버 보험에 가입했기 때문에 문제가 될 소지는 전혀 없었다.

팔레르모 가는 버스는 만석이었다. 버스가 출발하자 창밖으로 부슬비가 내리기 시작했다. 버스는 중앙역에 도착하기 전에 두 곳에서 승객을 내려 주었다.

중간 정류장에서 내린 젊은 중국 여성이 짐칸에서 짐을 꺼내다가 비가 내린 도로에 그만 미끄러졌다. 그녀의 멋진 코트가 젖어 버리는 안타까운 상황을 목격했지만 버스 안에 있던 우리가 도와줄 방법은 없고 같은 동양인으로서 안타까운 마음이 들었다. 시칠리아 여행에서 혼자 또는 커플로 여행하는 중국 젊은이들을 가끔 목격했다.

중앙역 버스 터미널까지는 약 50분이 소요되었다. 터미널에 내렸는데 기차 중앙역이 보이지 않았다. 기차역에서 숙소까지 가는 길은 사전에 파악해 두었는데, 기차역이 보이지 않으니 당황스러웠다. 기차역에 가면 택시를 탈 수 있지만 구글맵의 안내를 믿고 걸어서 찾아가기로 했다.

그러나 숙소까지 걸어가기로 한 나의 결정은 곧 잘못되었음을 깨달았다. 빗줄기가 굵어지는 가운데 한 손에는 우산을 들고 다른 손으로는 무거운 가방을 끌고 가야 했기 때문이다. 비를 맞으며 도로를 걸어가는 우리의 처지가 처량하게 느껴졌다. 인도는 곳곳이 패여 있어 물웅덩이가 많고, 지저분한 길바닥 때문에 오물이 튀어 아내에게 무척 미안한 마음이 들었다.

숙소 길을 찾는 것도 쉽지 않았다. 오래된 도시 팔레르모의 좁은 골목길은 미로처럼 얽혀 있어 GPS도 정확하게 작동하지 않았다. 폐허가 된 건물과 돌무더기로 남은 건물 잔해들로 인해 거리가 지저분했다. 이는 미국 뉴욕시의 옛 할렘가 길거리를 연상케 했다.

마침내 아내가 숙소 선택에 대해 불평했다. 부킹 앱을 통해 시내 중심지에 있으며 후기가 좋은 숙소를 예약했는데, 이처럼 어려운 상황이 있을 거라고는 예상도 하지 못했기 때문에 당황스러웠다.

예약한 숙소는 구글맵으로는 10분 거리로 표시되었지만, 실제로는 돌고 돌아 30분이 걸려 도착했다.

숙소는 3층에 있었고 겉보기와 달리 내부는 매우 청결하고 아늑했다. 숙소 주인은 친절하게 숙소 사용법을 안내해 주었고, 우리 방으로 안내했다. 방에 개인 욕실이 보이지 않아 당황했다. 왜 없냐고 문의했을 때, 주인은 복도에 있는 욕실을 우리만 사용할 수 있다고 설명했다. 예약할 때는 분명히 개인 욕실이 있는 방을 예약했는데, 오래된 건물 특성상 복도에 있는 욕실을 단독으로 사용하는 구조였다.

숙소 찾느라 지쳐서 시내 구경할 엄두가 나지 않아 우선 휴식을 취하기로 했다. 2시간이 훌쩍 지났고, 시장기를 느껴 밖으로 나가야 했지만, 동네가 지저분하고 치안이 걱정되어 망설였다. 숙소 주인은 웃으면서 그렇게 보이지만 실은 이 동네가 매우 안전한 곳이라고 했다. 믿어지지 않았지만 일단 나가서 동네를 탐색하기로 했다.

숙소를 나서자마자 우리는 팔레르모의 유명한 발라로 시장을 마주했다. 상상했던 것보다 규모가 작았고 우리나라의 재래시장과 유사한 모습이었다. 시장에는 과일, 생선, 공산품 가게뿐만 아니라 몇몇 식당들도 영업 중이었다.

사전에 검색해 둔 맛집은 아직 7시 전 이지만, 손님이 없어 일찍 영업을 마감하고 닫혀 있었다. 저녁은 늦은 시간에 하기로 하고 우선 근처 마트에 가서 필요한 물품을 구매하여 숙소로 가기로 했다.

마트의 규모는 꽤 컸지만, 구매할 물품을 찾기 어려웠다. 특히 우리가 마실 우유를 찾지 못해 당황스러웠다. 직원에게 물어봐도 우리가 이해할 수 없는 답변만 할 뿐이어서 우유 사는 걸 포기했다. 팔레르모에서의 언어 장벽은 상당한 도전이었다. 우리는 이탈리아어를 모르고, 현지인 대부분은 영어를 못했다. 구글 번역기로 소통을 시도했지만, 번역 오류로 인해 제대로 의사소통이 이루어지지 않았다. 결국 요구르트와 과일 몇 가지를 구매하여 숙소로 돌아왔다.

저녁 식사를 위해 다시 숙소를 나섰다. 시장을 가로질러 골목길을 따라 가니 많은 관광객이 오가는 대로를 만났다. 이 길은 팔레르모 구시가지의 주요 도로인 마퀘다 거리(Via Maqueda)였다. 많은 사람들이 가는 방향으로 따라갔는데 갑자기 콰트로 칸티 광장이 나타났다. 이 광장은 팔레르모를 방문하는 관광객이라면 반드시 들르는 장소이자 구도심 관광의 중심지다. 늦은 시간이었기 때문에 다음 날 다시 방문하기로 하고, 서둘러 식당을 찾았다.

팔레르모의 밤, 우연히 평점 좋은 식당을 광장 근처에서 발견했다. 현대적이고 깨끗한 분위기가 언뜻 봐도 좋아 보였다. 여종업원이 영어를 잘해서 소통하는 데 어려움이 없었다. 시칠리아 여자답게 특유의 쾌활한 성격으로, 무슨 부탁을 해도 시원시원하게 반응해 주었다. 비프 타르타르, 스파게티, 와인 두 잔, 생수를 주문하고, 오랜만에 기분 좋게 저녁을 즐겼다. 음식은 엄청나게 맛있었고, 54유로라는 가격도 정말 저렴해서 또 오고 싶은 생각이 들었다.

아내는 이곳 음식에 매우 만족했다. "내가 맛본 것 중 최고네요. 빵 위에 올라간 올리브 페스토와 진한 발사믹 소스의 조합이 정말 좋아요. 스파게티 소스도 특별하고 맛있어요." 그녀의 극찬은 이 식사가 얼마나 특별했는지를 말해 준다. 이 경험은 팔레르모의 첫날 밤을 더욱 기억하게 해 주었다.

팔레르모 숙소로 돌아가는 골목길에 흑인들이 건물 밖으로 나와 서성거리고 있어서 순간 우리를 긴장하게 했다. 며칠 전에 묵었던 시

라쿠사 숙소 근처에 있는 마을에 갔을 때도 거리에서 흑인들을 많이 보았는데, 왜 시칠리아에 흑인들이 많은지 궁금했다. 자료에 따르면 아랍인들이 지배하던 9세기부터 11세기까지 시칠리아를 통치하면서 북아프리카에서 많은 흑인 노예를 데려와 농업과 건설에 종사시킨 것에서 유래하였다. 시칠리아의 흑인들은 오랜 세월 동안 시칠리아의 역사와 문화에 이바지하였는데, 내가 그들에 대해 선입견을 품었던 것이 부끄러웠다.

숙소로 돌아와 오늘의 긴 하루를 마무리했다. 어디를 가든 첫날은 항상 불편하다. 지저분한 거리가 처음에는 불안감을 주었지만, 곧 익숙해지고 정이 들 거라고 아내와 서로 위로했다.

숙소 곳곳에 주인의 취미가 잘 드러나 있었다. 벽에는 도자기로 만든 물고기 장식들이 걸려 있고, 큰 수족관에는 열대어를 키우고 있었다. 이런 세심한 장식들이 숙소에 독특한 매력을 더해 주었다.

Day 9
팔레르모
구시가지

Palermo
Cattedrale di Palermo
Teatro massimo
Teatro Politiarna

19장 팔레르모 문화 역사 탐방

8시 30분에 일어나 어제 사 온 빵과 과일로 숙소 부엌에서 간단히 아침을 해결했다. 10시 30분에 팔레르모 구도심 관광을 위해 숙소를 나섰는데, 아침에 보는 숙소 근처 풍경이 어제와는 확연히 달랐다. 거리가 깔끔히 정돈된 게 신기했다.

베란다에서 이불을 널면서 시끌벅적하게 이야기하는 시칠리아 여인들의 목소리가 들려왔다. 그 순간, 우리가 팔레르모에 정말 와 있다는 게 실감 났다.

콰트로 칸티로 가는 길에 마주친 관광객들의 얼굴에는 환한 미소가 가득했다. 어젯밤에는 어두워서 제대로 볼 수 없었던 주변 건물들이 오늘 아침에는 쾌청한 날씨 덕분에 밝고 화려하게 보였다.

콰트로 칸티는 팔레르모 구도심에서 마퀘다 거리와 엠마누엘레 거리가 만나는 사거리에 자리 잡고 있다. 이곳은 네 개의 건물이 광장을 중심으로 서로 마주 보고 있으며, 팔레르모 여행의 중심지이자 출발점이다.

각 건물은 4층 높이로 성당의 파사드처럼 광장을 향해 장엄하게 서 있고, 정면에 동상들이 자리 잡은 게 특징이다. 3층으로 보이는 파사드에는 1층에 사계절을 상징하는 여신들, 2층에는 시칠리아를 지배했던 왕들의 모습이, 그리고 3층에는 유명한 시칠리아 성녀들의 조각상이 중앙에 자리하고 있다. 이 독특하고 멋진 건축물은 팔레르모의 역사와 예술을 한눈에 보여 주었다.

광장에는 관광객을 위한 마차와 오토바이를 개조한 관광 택시가 손님을 기다리고 있었다. 이 광경은 마치 몇십 년 전으로 시간 여행을 간 듯한 느낌을 주었다.

광장 한편에서 2인조 거리 공연 연주가 흘러나왔지만, 팁을 건네는 사람은 거의 없었다. 우리가 방문한 시간이 한낮이어서 그런지 큰 감

동은 없었다. 밤에 조명이 들어오면 광장 분위기가 완전히 달라질 것 같아 그때 다시 오기로 하고 옆 분수대로 발걸음을 옮겼다.

광장 옆에 있는 유명한 프레토리아 분수는, 근처를 펜스로 막아 놓아 멀리서 관람해야만 했다. 펜스로 막아 놓은 이유는 콰트로 칸티에서 예정된 영화 촬영에 필요한 세트를 보호하기 위해서라는 사실을 나중에 알았다.

이 분수는 피렌체 출신 조각가 프란체스코 카밀리아니의 작품으로, 아름다운 여신부터 주름진 노인에 이르기까지 다양한 인물상들이 조각되어 있는데 가까이에서 보지 못해 아쉬웠다. 이 조각상들은 피렌체에서 만들어진 후 640여 조각으로 분리되어 이곳으로 옮겨져 조립되었다. 모든 동상이 나체라서 분수 앞의 성당을 지나는 사람들에게 부끄러움을 주었다고 해, '수치의 분수'라는 별명이 붙었다고 한다.

분수를 지나 성 카타리나 성당 수녀원을 방문했다. 프레토리아 분수 근처가 펜스로 막혀 있어서 우리는 정문이 아닌 후문으로 입장했다.

후문 쪽 외관은 단순하고 소박했지만, 성당 안으로 들어서면서 보이는, 내부를 둘러싼 화려하고 웅장한 장식 앞에 할 말을 잃었다. 지금까지 방문한 어느 성당도 이곳만큼 장엄하면서도 예술성이 높은 곳은 없었다.

"와!"라는 감탄사가 저절로 나왔다. 이렇게 멋있는 성당이 있을 줄이야! 섬세한 조각품과 화려한 색감으로 장식된 내부를 천천히 둘러보며, 낙후된 시칠리아에서 이렇게 아름다운 성당을 짓고 보존했다는 사실이 믿기지 않았다. 우리가 로마에서 방문한 대성당들도 웅장하고 화려했지만, 이곳은 화려함의 극치였다.

성 카타리나 성당의 벽면은 화려한 최고급 대리석 바탕에 섬세하게 조각된 작품들로 가득 차 있었고, 천장을 장식한 웅장한 프레스코화는 보는 이로 하여금 감탄을 자아냈다. 특히 중앙 돔의 반원구에 그려진 프레스코화가 독특했다. 하늘의 천사와 성인들과 지상에서 고통받는 인간들을 표현한 것 같은데, 그림의 공간이 부족한지 반원구를 벗어나 밑의 벽면까지 차지한 것이 이채로웠다.

성인들을 기리는 제단들 역시 예술품의 걸작이었고, 벽면을 장식한 대리석 모자이크는 화려함을 더했다.

또한, 구약 성경의 중요한 내용을 묘사한 부조 형태의 작품들이 우리의 관심을 끌었다. 이 작품들은 아브라함이 이삭을 제물로 바치려

는 장면, 큰 물고기 배에서 나온 요나 얘기, 천국에 들어간 거지 나사로와 지옥에 간 부자의 이야기 등을 아름답고 의미 있게 표현하고 있었다. 이 성당은 단순한 종교적 공간을 넘어 예술과 역사의 보고로서의 가치를 지니고 있었다.

이곳은 1311년, 카타리나 성녀에게 봉헌된 도미니크 수녀원으로 시작된 후, 1566년에 성당이 추가로 완성되어 도미니크 수녀원 교회로 사용되었다. 제2차 세계대전 중 미군의 폭격으로 훼손되었다가 전후에 복원되었다. 2014년부터는 수녀원이 아닌 박물관으로 이용되고 있다.

교회와 테라스를 구경할 수 있는 티켓은 7유로였고, 수도원까지 구경하려면 추가로 3유로를 내야 했다. 우리는 7유로 티켓으로 테라스만 보기로 했다.

성당 테라스로 올라가는 길에 잘 가꾼 아름다운 정원이 눈에 들어왔다. 정원에 있는 사람들의 모습이 너무 평온해 보여서 나도 모르게 "와! 너무 좋다. 보기만 해도 마음이 편안해진다."라고 중얼거렸다.

테라스로 올라가기 전에 수녀원의 복도를 지나야 했다. 복도의 엄숙하고 경건한 분위기에 우리는 자연스레 옷깃을 여미었고 과거 수녀들이 기도했던 골방 앞에서는 잠시 묵상에 잠겼다.

이 복도를 따라 직진하면 아주 작은 방을 발견할 수 있다. 이곳은 과거 성가대로 사용된 공간이었고, 오래된 의자들이 그대로 보존되어 있어서 매우 신기했다. 이 작은 방에서 내려다본 성당 안의 전경은 역시 백문이불여일견이었다. 성당의 내부 벽면 전체가 조각품인 성당이 또 있을까.

테라스로 오르는 길에서 흥미로운 장소를 발견했다. 성당 내부의 프레스코화로 장식된 둥근 천장의 바깥 구조를 엿볼 수 있었다. 나무 기둥을 세우고 그 아래에 반원구 모양의 흙으로 만든 돔으로 연결한 천장은 처음 보는 새롭고 흥미로운 구조였다.

테라스에 도착해 마주한 첫 풍경에 감탄하지 않을 수 없었다. 팔레르모 구시가지가 한눈에 들어오는 360° 파노라마 전망은 말로 표현하기 어려울 정도로 황홀했다. 눈부신 파란 하늘과 하얀 뭉게구름, 그 아래 펼쳐진 아름답고 웅장한 건축물들이 만들어 내는 모습은 명불허전이었다. 이 성당을 방문한다면 성당 테라스에 와볼 것을 강력히 추천하고 싶다.

테라스 끝에서 내려다보는 프레토리아 분수는, 이곳 테라스에서 보이는 모든 전망에 화룡점정의 역할을 톡톡히 했다. 펜스로 막혀 제대로 보지 못한 아쉬움이 해소되는 멋진 광경이었다. 분수대 옆 공간에 설치한 영화 촬영 세트가 흥미로웠다. 시가전에 대비한 모래주머니 참호와 대포도 보였다.

후문 쪽 광장을 바라보면, 왼쪽에는 라 마르토라나 성당이, 오른쪽에는 산 카탈도 성당이 보인다. 두 성당 모두 12세기에 지어진 역사적인 건축물로 방문했어야 했는데, 성 카타리나 성당과 정원의 아름다움에 취해 그만 깜빡했었다. 이곳을 방문하지 않은 게 두고두고 아쉬웠다.

테라스에서 바라본 수녀원 정원은 청량감 넘치는 편안한 휴식처였다. 왼편에 있는 일본식 목조 건물처럼 보이는 구조물은 석조 건축물 사이에서 이색적인 풍경을 연출했다. 과거 성당이나 수녀원의 방문객들이 숙소로 사용했을 듯싶었다.

테라스까지 풍기는 고소한 냄새에 이끌려 정원으로 내려갔다. 정원에 있는 팔레르모의 유명한 베이커리 카페에서 디저트 과자를 굽는 냄새였다. 우리는 정원의 벤치에 앉아 시칠리아의 전통 디저트와 커피의 고소하고 향긋한 향을 즐겼다.

정원 한가운데 자리 잡은 분수대 동상은 섬세하게 조각된 아름다움을 자랑했다. 이 동상은 이 수녀원의 수호성인으로 짐작되는데 구체적인 정보는 확인 못 했다. 정원의 고요하고 평화로운 분위기가 너무 좋아서 발길을 돌리기가 싫었다.

다음 여정인 팔레르모 대성당으로 갔다. 가는 길에 좌우로 늘어선 상점들의 윈도에 전시된 예쁘고 앙증맞은 도자기 공예품이 우리의 눈길을 사로잡았다. 팔레르모가 가성비 좋은 도자기 제품으로 유명한 이유를 알

수 있었다. 각양각색의 기념품과 가톨릭 성물이 다채롭게 진열되어 있어 구경하느라 시간 가는 줄 몰랐다.

팔레르모 대성당 광장 앞에서 발견한, 화려하게 치장한 귀여운 세 발 오토바이 관광 택시가 팔레르모의 독특한 매력을 발산하였다.

팔레르모 대성당 외관은 우아하면서 웅장했다. 시칠리아가 그리스, 노르만, 아랍, 스페인, 로마 등 다양한 문화의 지배를 받으면서 독특한 건축 양식을 형성하였는데, 이 대성당은 그 융합의 아름다움을 대표적으로 보여 주는 건축물이다.

대성당 광장의 정원을 거닐며 마치 스페인 남부 안달루시아에 온 듯한 착각에 빠졌다. 더운 지방의 나무들이 풍성하게 자라는 정원은 이국적인 매력을 뿜어내고 있었다. 성당의 외관에서 아랍 문화의 영향이 느껴졌다.

성당 내부로 들어서자, 공사 중인 상황 때문에 다소 어수선한 분위기가 느껴졌다. 흰색 바탕의 벽에는 우아한 조각상들이 장식되어 있었지만, 조금 전 방문했던 성 카타리나 성당에 비해 단순하고 소박했다. 관광객이 많아 작은 예배당들을 방문하지 못한 것이 다소 아쉬움으로 남았다.

성당 루프탑과 지하 무덤을 방문하는 티켓값으로 1인당 15유로를 지급했다. 표를 산 관람객들은 루프탑에 올라가기 전에 테라스 비슷한 장소에 대기해야 했다. 이는 루프탑의 공간이 협소하여서 한번에 많은 인원을 수용할 수 없기 때문이었다.

그곳에서 우리 차례를 기다리면서 영롱한 색상의 도자기 기와로 덮인 반원구 형태의 건축물을 발견했다. 비잔틴과 아랍의 문화가 혼합된 구조물로 보였는데, 각기 다른 문화적 배경을 가지고 있는 팔레르모의 건축물을 탐구하는 재미가 쏠쏠했다.

팔레르모 대성당 루프탑을 올라가면서 보이는 광장의 풍경이 인상적이었다. 관광객으로 붐비는 도심 한복판에 이러한 휴식 공간이 있어서 다행이라고 생각했다.

적당한 인원이 모이자, 투어가 시작되었다. 이곳의 루프탑 투어는 다른 성당과 달리 성당 지붕 정중앙을 걷는 특별한 경험이었다. 이런 투어는 드물어서 흥미롭고 색다른 느낌을 주었다.

팔레르모의 아름다운 360° 파노라마 경치를 마음껏 즐겼다. 멀리 항구까지 보이는 광활한 전망이 시야를 사로잡았다. 그러나 통로가 좁아 왕래가 힘들었고 한낮의 햇볕이 강렬해서 오래 머무를 수 없었다. 그래도 잠시나마 팔레르모를 시원하게 조망할 수 있어서 좋았다. 이곳의 루프탑 투어는 이번 여행에 독특한 추억을 만들어 주었다.

루프탑에서 내려와 성당의 지하 무덤을 구경하러 갔다. 성당의 입구 오른쪽에 있는 시칠리아 왕들의 무덤을 지나서 지하로 내려갔다. 어두컴컴한 분위기 속에서 주교들, 고위 성직자들 그리고 귀족들의 석관이 잘 보존된 모습이 인상적이었다. 이곳이 시칠리아 여행 중 우리가 방문한 유일한 지하 무덤이었다. 그 어둠 속에서 느껴지는 으스스한 기운이 마치 우리를 중세로 옮겨놓은 듯했다.

무덤 터널의 끝에서 이어진 보물실에는 왕관과 성물들이 전시되어 있었다. 그 중, 여왕의 왕관은 유럽 중세 시대를 배경으로 한 영화에서 보던 것과 비슷해서 흥미로웠다.

오후에 시칠리아 주립 미술관을 방문할 계획이어서 그 전에 숙소에 가서 식사하고 휴식을 취하기로 했다. 팔레르모 대성당 앞 대로를 벗어나 골목길로 들어서자, 우리는 팔레르모 구도심에 살고 있는 현지인들의 현실적 삶의 모습을 다소 경험할 수 있었다. 이곳 골목길은 나폴리의 뒷골목과 많이 닮아 있었다. 어둡고 지저분한 첫인상과는 달리 골목마다 자기들 나름의 멋과 아름다움을 간직하고 있었다.

뒷골목을 거닐며 담벼락을 따라 줄지어 걸려 있는 색색의 빨래들을 보니 우리의 어려웠던 시절의 동네 모습이 떠올랐다. 그런 풍경이 내 마음에 향수를 자극해, 지금 걸려 있는 빨래들이 마치 천연의 색을 입힌 예술 작품처럼 보였다. 이런 모습이야말로 팔레르모의 삶의 현실을 보여 주는 것 같았다.

그런가 하면 깔끔하게 정리된 골목길도 많았다. 비록 건물들은 낡았지만, 2층 발코니에 놓인 화분마다 화사하게 핀 붉고 노란 꽃들이 오래된 건물에 멋과 생동감을 더해 주었다. 팔레르모의 골목골목마다 숨겨진 색다른 매력들이 조화를 이루는 모습에 팔레르모에 대한 호감이 점점 커졌다.

골목길에 길거리 그림인 그라피티도 여기저기 많이 보였다. 그라피티는 낙후된 도시 골목에 생기와 창의성을 불어넣고 있는 듯하였다. 도심의 큰 건물 벽이나 도로를 끼고 있는 담벼락에 그려진 그라피티는 봤지만, 골목길의 낡은 주택건물 벽을 장식한 작품은 팔레르모에서 처음 보는 거라서 특별하게 느껴졌다.

20장 시칠리아 지방미술관

숙소에서 시칠리아 지방미술관으로 가려면 택시를 이용하는 게 당연한 선택이지만 우리는 걸어서 가야만 했다. 이곳의 택시 서비스는 콜택시뿐이고 스마트폰 앱으로 호출하는 택시는 없었다. 우리가 스마트폰에 eSIM을 사용하다보니 현지 전화번호가 없어서 전화를 걸 수 없었고 우리의 위치를 정확히 설명할 수도 없으니, 콜택시를 이용 못 했다. 우리는 울퉁불퉁한 골목길을 30분 정도 걸어가 오후 5시 30분경에 미술관에 도착했다.

관리인은 6시 30분에 관람이 종료된다면서 빨리 보고 나오라고 은연중 압박했지만, 관람객이 거의 없어서 서두를 필요는 없었다. 우리는 오히려 관람하기 좋은 환경이어서 좋았다.

미술관에 들어서자마자 마주한 것은 작가 미상의 대형 회화 작품인 '죽음의 승리'였다. 이 작품이 주는 강렬한 표현과 의미를 실물로 마주 대해서 보니, 책에서 본 것보다 훨씬 감동적이었다.

네 조각으로 분리되어 보관되었던 흔적이 보이는 이 작품은 14세기 작품임에도 불구하고 선명한 색채와 화려한 표현을 유지하고 있어 우리의 눈길을 사로잡았다.

이 프레스코화는 당시 유럽 사회를 휩쓴 전염병으로부터 도망칠 수 없는 인간의 한계와 죽음을 그려낸 것이다. 이는 신분에 상관없이 모든 인간에게 죽음이 불가피하다는 메시지를 전달한다. 특히 죽음의 사자가 타고 있는 백마가 살 없이 뼈만 있는 모습으로 그려진 것이 매우 인상적이었다. 마치 현대 추상화를 보는 듯한 착각에 빠지게 했다. 특히 말 머리의 표현은 피카소의 대표작 '게르니카'에 등장하는

말 머리를 연상케 했다. 600년 전의 작품에 이러한 표현을 그린 작가가 미상이라는 게 안타깝다. 『신화의 섬 시칠리아』(박제 저) 책을 통해 작품에 관한 더욱 깊은 설명과 이해를 얻을 수 있다.

이 프레스코화 작품의 역사는 그 자체로 극적이다. 14세기에 스칼파리 궁전의 남쪽 벽에 그려졌던 작품인데, 제2차 세계대전 중인 1943년, 폭격으로 건물이 무너질 위기에 처하자, 이 중요한 프레스코화를 벽에서 조심스럽게 떼어내어 안전한 장소로 옮겼다. 이후 1954년에 이 작품을 이곳에 복원, 전시하게 되었다. 인류 역사상 가장 파괴적인 전쟁 속에서도 예술 작품을 보호하고 후세에 전달하려고 노력한 이곳 분들에게 감사했다.

이곳에 전시된 작품들은 12세기 초기 중세부터 르네상스, 바로크 시대에 이르기까지 다양하며, 시칠리아뿐만 아니라 이탈리아 전체에서도 그 중요성과 가치를 인정받고 있다. 이 미술관은 단순한 예술 작품의 전시장이 아니라, 시대와 문화를 아우르는 역사적 깊이와 예술적 풍부함을 제공하는 공간이라고 한다.

이 미술관에는 가톨릭 성화 등 종교적 작품이 주를 이루었고, 작품의 주제는 예수님의 십자가 고난, 성모 마리아의 수태고지와 예수님을 안고 있는 모습, 성인들의 순교 장면 등이다.

우리가 이곳을 방문한 이유는 방금 보았던 '죽음의 승리'와 나중에 감상할 '성모 마리아 수태고지' 작품을 보기 위함이었다.

성모 마리아의 수태고지를 보기 위해서는 많은 전시실을 서둘러 지나쳐야 했다. 미술관의 전시 동선에서 거의 마지막 전시실에 이 작품이 있었기 때문이었다.

드디어 성모 마리아를 마주했다. 이 작품을 처음 보았을 때, 그림의 크기가 너무 작아 놀라움을 감출 수 없었다. 이 미술관의 대표작인데 예상외로 작았다. 그러나 작품의 크기와 상관없이 그 안에 담긴 예술적 가치와 미학적 아름다움은 매우 강렬했다.

이 그림은 보는 이의 시선을 서서히 잡아당기는 묘한 매력을 지니고 있다. 일반적인 수태고지 그림들과는 달리, 이 작품에는 천사나 성령의 비둘기가 없으며, 대신 평범한 귀부인의 정면을 응시하는 모습이 초상화처럼 화면을 가득 채우고 있다.

이 유명한 '수태고지'는 시칠리아 출신 화가인 안토넬로 다 메시나가 15세기 후반, 목판에 오일 페인팅으로 그린 작품이다.

이 그림 역시, 『신화의 섬 시칠리아』에서 자세한 설명과 감흥을 얻을 수 있다.

마지막 전시실을 나오면서 흥미로운 물건을 발견했다. 자세히 보면 사진과 비슷한 크기의 그림들이 액자에 끼어져 있었다. 오늘날의 사진 앨범과 비슷한 목적으로 제작된 작품은 흡사 목제가구 같았다.

미술관 마감 시간이 되어서 서둘러 관람을 마치고 나오니 우리가 마지막 관람객인지 미술관 직원들이 퇴근 준비를 마치고 우리를 기다리고 있었다.

미술관을 떠나 숙소로 가는 도중에 넓은 공원이 눈에 들어왔다. 주말을 맞아 놀러 나온 주민들로 공원은 활기차 보였다. 놀이터에서

즐거운 시간을 보내는 아이들, 삼삼오오 서거나 앉아서 환담을 나누는 어른들, 둥그렇게 앉아 웃고 떠드는 젊은이들, 모두가 행복한 순간을 보내고 있었다. 공원의 한쪽에는 카페와 식당들이 손님 맞을 채비에 분주하였다.

우리는 어제 방문했던 식당 'ponticello'를 다시 찾아갔다. 이곳은 이미 우리에게 친숙한 곳이 되어 있었다. 식당에 들어서자, 여종업원이 우리를 알아보고 반갑게 인사를 건넸다.

오늘은 새우 리소토, 구운 문어 그리고 레드 와인 두 잔을 주문했다. 맛은 역시 훌륭했다. 56유로라는 가격에 이 정도 훌륭한 요리를 먹을 수 있어서 아주 만족스러웠다.

이번 이탈리아 여행을 돌아보면 저녁 식사 때 아내와 와인을 함께 마신 경험이 아주 행복한 기억으로 남는다. 맛있는 요리와 함께 마시는 와인 한 잔은 지쳐가는 우리 여행에 활력소가 되었다. 좋은 분위기에서 사랑하는 사람과 즐기는 저녁 식사의 행복은 여행이 주는 큰 매력이라고 생각한다.

Day 10

몬레알레
-
팔레르모

21장 몬레알레 대성당과 수도원

숙소 주인이 예약해 준 택시를 타고 9시 30분경 몬레알레로 출발했다. 택시 요금은 편도 35유로였지만, 기사가 몬레알레에서 1시간 30분 동안 대기한 후 팔레르모로 돌아오는 왕복 요금으로 80유로를 제안했다. 우리는 흔쾌히 동의하고 기분 좋게 몬레알레로 향했다.

몬레알레는 해발 300미터 높은 곳에 있는 산 위의 마을이다. 팔레르모가 바다를 끼고 있는

평지지만, 몬레알레는 고즈넉한 산속 정취를 자아내는 곳이었다.

몬레알레 대성당의 외관은 화려한 치장 없이 평범하고 소박한 것이 조용한 동네 분위기와 잘 어울렸다. 물론 내부에 들어서면 반전의 아름다움이 기다리고 있었지만.

1인당 13유로에 성당, 루프탑 발코니, 박물관 그리고 베네데티니 회랑을 모두 관람할 수 있는 티켓을 성당 입구에서 구입했다. 이른

시간이어서 아직 방문객은 많지 않았다. 우리는 한적한 시간에 먼저 루프탑에 올라가기로 했다. 루프탑으로 오르는 도중에 박물관을 둘러봤는데, 과거 성직자들이 사용했던 보석으로 장식된 세마포(성스러운 의복), 성배 그리고 머리 관 등이 전시되어 있었다. 이 전시품들은 그 당시 성직자들의 권위가 대단했음을 보여 주는 징표였다. 굳이 그렇게 화려한 복장이 필요했을까?.

박물관을 둘러보고 건물 밖으로 나가니 몬레알레 수도원의 회랑과 정원의 기막힌 풍경이 한눈에 들어왔다. 정방형으로 단순하게 가꾸어진 녹색의 정원과 그 주위를 둘러싼 붉은 황토색의 건물과 회랑의 모습은 마치 사진엽서를 보는 것처럼 아름다웠다.

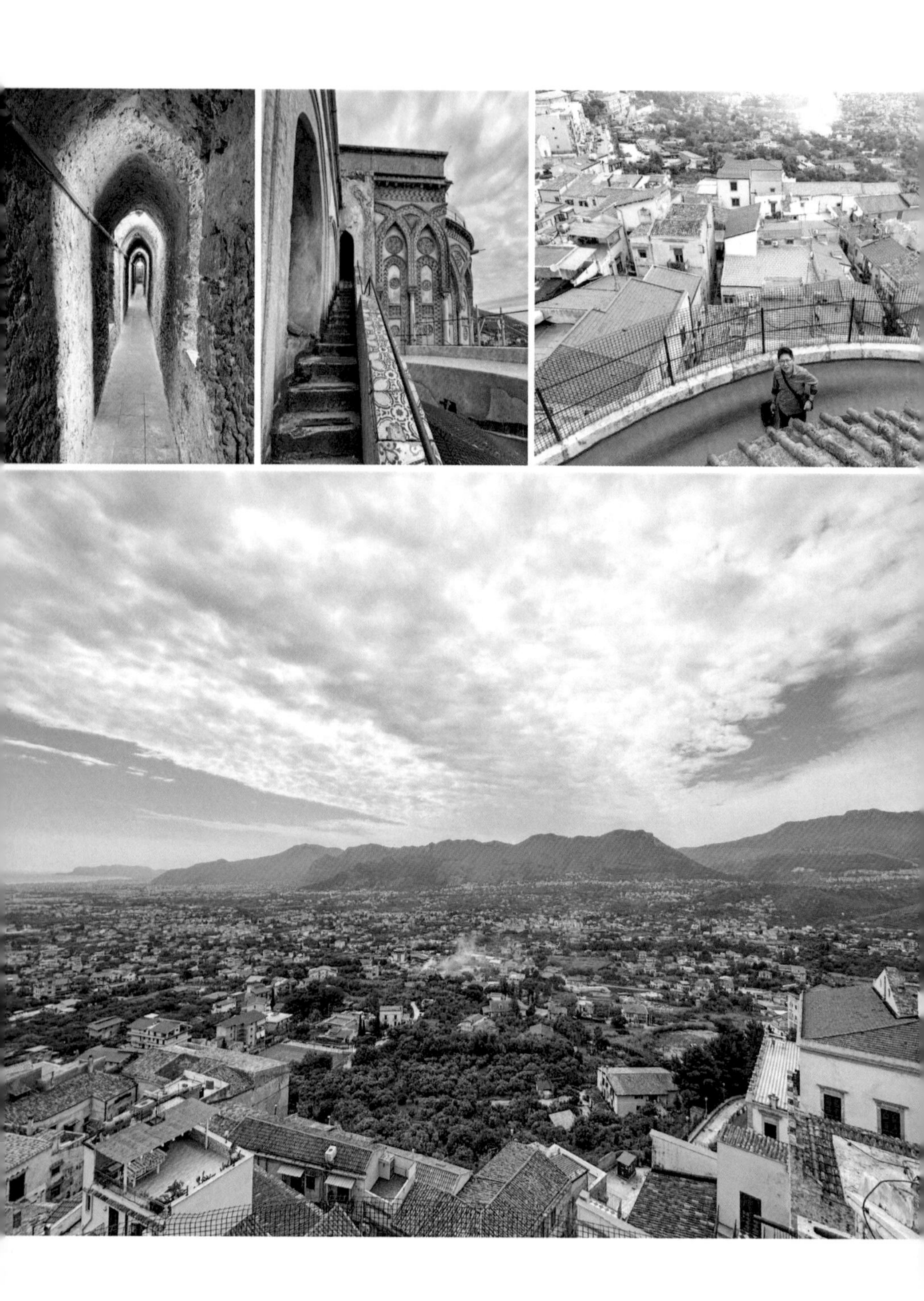

성당 루프탑으로 가려면 비좁은 터널을 지나야 했다. 터널 중간에 뚫린 구멍을 통해 들어오는 빛줄기가 묘한 분위기를 연출했다.

터널 끝에 이르니 갑자기 좁고 가파른 계단이 나타났다. 한 사람이 겨우 통과할 수 있을 정도로 좁아서 아내와 함께 사진을 찍는 것조차 버거웠다. 발코니로 가기 위해선 다시 계단을 내려가야 했는데, 그 시설이 너무 좁고 부실해서 '발코니'라고 부르기가 민망했다.

그러나, 이곳에서 보는 환상적 풍경은 이번 시칠리아 여행의 하이라이트로 손꼽을 만하였다. 그야말로 명불허전이었다. 멀리 팔레르모 시내와 지중해가 아련히 보였다. 하늘을 수놓은 흰 구름 떼, 주변 마을의 붉은 지붕과 녹색의 향연이 연출한 광활한 풍광에 취해 한동안 말을 잃었다. 허접한 시설과 대비된 기가 막힌 풍광, 13유로의 가격이 전혀 아깝지 않았다.

이곳이 관광객이 올 수 있는 최고 높이였다. 다른 성당들의 루프탑에 비해 몬레알레 대성당의 루프탑은 독특하고 소박했다.

루프탑을 내려오면 대성당 건물의 외벽을 따라 만들어진 철제 통로를 통과해 본당으로 들어갈 수 있다. 이 통로에서는 대성당 앞 광장의 멋진 장면을 감상할 수 있다. 푸른빛의 광장 정원과 주변을 둘러싸고 있는 황토색의 옛 건물들이 조화를 이루는 풍경은 다른 곳에서는 볼 수 없던 평화로움을 우리에게 선사했다.

건물 안으로 들어가 본당으로 가는 도중에 작은 박물관이 또 있었다. 이곳에서는 성당과 이 지역의 역사가 기록된 고서들과 기하학적 무늬로 장식된 과거 건물의 벽면 조각이 전시되어 있었다.

이 성당은 노르만 양식의 걸작으로 12세기 후반에 지어졌다. 성당에는 예수님상 모자이크 이외에 예술적 가치가 높은 작품들이 많아서 방문객의 발길이 끊이지 않는다. 특히 나무로 만든 천장의 독특한 기하학적 무늬는 노르만 양식의 걸작품으로 유명하다.

몬레알레 대성당의 본당에 들어서자, 그 유명한 예수님상의 모자이크가 우리를 반겨주었다. 와! 이렇게 아름다운 예수님상이 그림이 아니라 모자이크라고. 성당 중앙 제단 위 돔에 장식된, 황금빛이 나는 예수님의 모자이크 상은 그 규모의 웅장함에 있어서 우리의 상상을 압도했다. 이 모자이크 상은 비잔틴 문화의 영향을 받은 듯 매우 화려하였다. 로마 외곽의 바울 대성당에서도 이와 유사한 황금빛 모자이크 상을 만났는데, 여기 예수님상이 훨씬 장엄하면서 우아하였다.

성당의 내부 양쪽 회랑 벽에는 중요한 성경 이야기가 모자이크로 표현되어 있다. 내부 회랑은 구약 성경의 내용을, 외부 회랑은 신약성경의 이야기를 그림으로 묘사하고 있어 글을 모르는 신자들에게 성경 말씀을 시각적으로 전달하는 역할을 했다. 이러한 그림 성경 말씀은 정교회 성당에서 흔히 볼 수 있는데, 몬레알레 대성당의 성경 이야기 회랑 벽화도 비잔틴 양식의 영향을 받은 것으로 보였다.

조금 시간이 지나자 단체관광객들이 몰려 들어와 성당 내부는 갑자기 무척 혼잡해졌다. 그 중에 한국 성지순례팀도 있어서 가끔씩 들리는 한국말이 정겨웠다.

팔레르모에서 떨어진 몬레알레에 이처럼 화려한 두오모가 지어진 것은 이 지역의 지리적 배경과 관련이 있다. 팔레르모 지역의 왕족과 귀족들이 여름철 무더운 날씨를 피해 시원한 이곳에서 휴양을 즐겼다. 이곳이 그들의 고급 휴양지로서의 역할이 커짐에 따라 이곳에 성당이 필요하게 되었고 그들의 신분에 걸맞게 화려한 두오모가 지어졌다.

성당을 나와서 왼쪽으로 돌아가면 수도원으로 이어지는 입구가 나온다. 입구에 들어서면 가운데 푸른 중정 정원이 보이고, 이 중정을 둘러싸고 있는 기다란 회랑이 눈앞에 들어온다. 이곳이 대성당을 찾은 사람들이 놓치지 말고 방문해야 하는 베네데티니 회랑이다.

이 회랑은 방금 본 대성당의 화려한 모자이크 장식 못지않게 아름다움을 자랑한다. 아랍풍의 기하학적 무늬가 정교하게 상감된 기둥들과 그사이에 보이는 아치 장식은 회랑의 사면으로 끝없이 이어지면서 아랍풍 건축의 화려함과 정교함의 극치를 보여 준다. 회랑의 기둥이 짝을 이루고 있으며 기둥마다 문양이 모두 다른 것이 특이했다.

정원과 회랑을 거닐면서 불현듯 스페인의 그라나다에 있는 알람브라 궁전의 화려한 정원과 회랑의 모습이 떠올랐다. 여기 회랑은 시칠리아가 아랍 문화의 영향을 깊이 받았음을 보여 주는 강력한 증거이다. 과거에 성당과 수도원이 단순한 종교적 공간을 넘어 지역의 문화와 예술의 중심지로서의 역할을 했음을 보여 주었다.

팔레르모로 돌아가려고 택시로 향하고 있을 때 성당 입구에서 화려한 결혼 들러리 의상을 차려입은 여성들이 눈에 띄었다. 그들의 기대감이 느껴지는 가운데, 신부를 태운 리무진 차량이 도착했다. 아버지가 신부를 데리고 차에서 내리자 들러리들이 신부를 둘러싸고 축복해 주었다. 소시민도 이렇게 유명한 대성당에서 결혼식을 올릴 수 있다는 것이 놀랍고 부러웠다.

기사와 만나기로 약속한 시각이 이미 지나서 서둘러 택시 내렸던 곳으로 갔는데, 우리 기사가 다른 기사들과 이야기하느라 출발할 생각을 안 했다. 시칠리아 사람들의 느긋한 삶의 태도에 이제 우리도 익숙해져서 떠나자고 재촉하지 않았다.

22장 팔레르모의 마지막 밤

팔레르모 시내에 있는 산 조반니 델리 에레미티 성당은 숙소 주인의 열렬한 추천이 있어서 방문했다.

12세기경에 건립된 이 교회는 그 작고 소박한 외관이나 아기자기한 정원 그리고 빨간 돔으로 유명하다. 원래 베네데티 수도원으로 사용되다가 아랍 지배 시기에 이슬람 사원으로 전환되었다가, 나중에 가톨릭 성당으로 복원된 역사적 배경을 갖고 있다.

이 교회의 특징은 그 겉모습이다. 직사각형의 구조 위로 솟아 있는 붉은색 작은 돔들은 이슬람 사원을 연상케 하며, 이 지역의 복합적인 문화적 영향을 반영하고 있다.

성당의 입구로 들어서자, 오랜 기간 손상되지 않고 잘 보존된 노르만 양식의 정원이 우리를 맞아 주었다. 이 정원은 마치 식물원에 온 듯한 착각을 일으킬 만큼 다양하고 진기한 식물들이 아름답게 조성

되어 있었다. 정원 한편에는 인부들이 작업하는 모습이 보여서 정원 가꾸기가 현재 진행형임을 알 수 있었다. 정원 곳곳에는 희귀한 고목들이 자리 잡고 있어 이곳 정원의 오랜 역사를 암시하고 있었다.

우리는 정원에 비치된 의자에서 이곳의 평화로운 분위기를 즐겼다. 숙소 주인이 추천한 이유가 아마도 이러한 고요한 분위기 때문인 것 같았다.

성당의 내부는 예상과 달리 아무것도 없이 텅 비어 있어 그 공간의 적막함과 고요함이 우리에게 깊은 인상을 주었다. 내부에는 우리가 유일한 관람객이었다. 우리는 엄숙하고 경건한 이곳에서 잠시 묵상의 시간을 가지며 시칠리아 여행을 무사히 마치게 되었음을 감사했다.

6유로의 입장료를 내고 방문한 이 성당은 그 규모와 내용에 있어서 기대에 조금 못 미쳤다.

이 성당을 제대로 전망할 수 있는 가장 좋은 위치는 바로 옆에 있는 산 주세페 카파소 성당의 종탑이다. 6유로의 입장료가 과한 것 같아서 포기했는데 방문 후 사진으로 본 성당과 정원의 전경이 아름다워 아쉬움이 남았다.

열흘간의 시칠리아 여행을 강행했더니 몸이 힘들어지기 시작했다. 오늘이 이곳 여행의 마지막 날이라는 생각에 마음의 긴장도 풀어져 몸과 마음이 같이 지쳐갔다.

그때, 노르만 궁전 앞을 지나게 되었다. 궁전 안에는 유명한 장소와 예술품이 많다고 들었지만, 피곤한 몸으로 궁전 내부까지 관람할 엄두가 나지 않았다. 궁전 앞에 조성된 작은 정원과 노르만 양식과 아랍풍이 혼합된 궁전의 외관을 보는 것으로 만족했다.

노르만 궁전을 뒤로하고 조금 걸어가니 잘 정돈된 Villa Bonanno 공원이 나타났다. 공원 한편에서 거리 공연 연주가 들려왔다. 궁금한 마음에 한참 구경했는데 관객의 반응이 너무 없어서 우리가 오히려 미안한 마음이 들었다.

오후 늦은 시각에 발레로 시장에 있는 식당에서 점심을 먹었다. 시장 한복판에 있는 식당은 음식 맛은 그저 그랬지만, 시끌벅적한 분위기가 마음에 들었다. 식당들은 손님을 호객하는 직원을 별도로 두고 있었고, 그들이 손님을 끌어들이는 능숙한 솜씨를 보는 재미가 쏠쏠했다.

시장에는 단체 관광팀도 많이 찾아오는데, 그중 한 팀이 홍겨운 듯

노래 부르며 춤추면서 식당 앞을 지나갔다. 신기한 광경과 호기심에 그들을 따라갔더니 어느 생선가게 앞에서 그곳 종업원들과 함께 어울려, 노래하며 춤추면서 시장 분위기를 한껏 달궜다. 종업원들과 관광객들이 어우러져 신나게 노는 모습을 보며 그들의 낙천적인 태도와 여유로움이 새삼 느껴졌다. 시칠리아 사람들은 돈보다 즐겁고 여유로운 삶을 그들 삶의 우선순위에 두는 것 같다.

숙소에서 휴식을 취한 후, 저녁 식사 겸 시칠리아의 마지막 밤을 즐기기 위해 콰트로 칸티를 다시 방문했다.

광장에는 18, 19세기 복장을 한 사람들이 여기저기 모여 있었다. 무슨 일인가 궁금해 주변을 둘러보니 주변 건물의 발코니에도 비슷한 복장을 한 사람들이 나

LIBRERIA DANTE

와 손을 흔들고 있었고, 한편에는 크레인이 보였다. 바로 영화 촬영이 시작될 것 같았다. 어제 이곳 광장에 모래주머니가 있었는데, 오늘 보니 광장 전체를 모래로 덮어 아스팔트 길이 아닌 옛날 흙길로 바꾸어 놓았다. 영화 촬영을 난생처음 보는데 그것도 먼 이곳 시칠리아에서 구경하다니 아주 흥미로운 경험이었다.

촬영이 시작되자 주연 배우들과 엑스트라 배우들이 신호에 맞춰 만세를 부르고 깃발을 흔들었다. 평민들이 해방 운동을 통해 무언가를 쟁취하는 듯한 내용인 것 같은데 영화 제목을 모르니 나중에 영화를 찾아볼 수도 없어 아쉬웠다.

저녁 식사 시간이 되면서 많은 관광객이 콰트로 칸티 광장과 팔레르모 대성당을 잇는 대로를 가득 메웠다. 활기찬 여행 분위기가 느껴졌다. 광장 근처의 한 식당을 찾았는데, 야외 테이블에 손님들로 붐볐다. 이곳 요리는 비주얼은 좋았지만, 맛은 어제 방문했던 식당에 비해 꽤 부족했다. 그래도 거리의 활기찬 분위기가 이번 여행의 마지막 밤을 만끽하게 해 주었다.

숙소로 돌아가던 중, 영화 촬영으로 인해 숙소 방향의 길이 막혀 있는 것을 모르고 잘못된 길로 한참을 갔다. 방향 감각을 잃고 낯선 주변 환경에 당황했지만, 구글맵 덕분에 팔레르모 뒷골목 길을 한참 돌아서 숙소에 무사히 도착했다.

숙소 주인에게 부탁해 다음 날 아침 일곱 시에 공항으로 가는 택시를 예약했다. 택시비는 50유로라고 알려 주었다.

재미있게도, 이 숙소 주인과는 길에서 여러 번 우연히 마주쳤다. 숙소 주인은 전형적인 이탈리아 청년이었는데, 이탈리아 남자답게 매력적인 외모를 가졌다. 로마에서 온 그는 직업은 의사라고 했다. 팔레르모의 병원에서 인턴으로 일하면서, 부업으로 숙박업을 운영했다. 그의 친절함과 그와의 우연한 만남은 이번 여행에 즐거운 추억으로 오래 기억될 것이다.

다음 날 우리는 다음 여행지인 이탈리아 동남부 지방에서의 새로운 경험을 기대하면서 바리(Bari)로 떠나기 위해 팔레르모 공항으로 향했다.